T0209476

essentials liefern aktuelles Wissen in konzentrierter Form. Die Essenz dessen, worauf es als „State-of-the-Art" in der gegenwärtigen Fachdiskussion oder in der Praxis ankommt. *essentials* informieren schnell, unkompliziert und verständlich

- als Einführung in ein aktuelles Thema aus Ihrem Fachgebiet
- als Einstieg in ein für Sie noch unbekanntes Themenfeld
- als Einblick, um zum Thema mitreden zu können

Die Bücher in elektronischer und gedruckter Form bringen das Fachwissen von Springerautor*innen kompakt zur Darstellung. Sie sind besonders für die Nutzung als eBook auf Tablet-PCs, eBook-Readern und Smartphones geeignet. *essentials* sind Wissensbausteine aus den Wirtschafts-, Sozial- und Geisteswissenschaften, aus Technik und Naturwissenschaften sowie aus Medizin, Psychologie und Gesundheitsberufen. Von renommierten Autor*innen aller Springer-Verlagsmarken.

Weitere Bände in der Reihe https://link.springer.com/bookseries/13088

Mario H. Kraus

Streitbeilegung
in Bauvorhaben

Ansatz, Ablauf, Lösungen

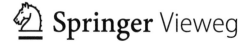

Mario H. Kraus
Berlin, Deutschland

ISSN 2197-6708   ISSN 2197-6716   (electronic)
essentials
ISBN 978-3-658-35788-7   ISBN 978-3-658-35789-4   (eBook)
https://doi.org/10.1007/978-3-658-35789-4

Die Deutsche Nationalbibliothek verzeichnet diese Publikation in der Deutschen Nationalbibliografie; detaillierte bibliografische Daten sind im Internet über http://dnb.d-nb.deabrufbar.

Planung/Lektorat: Karina Danulat
Springer Vieweg ist ein Imprint der eingetragenen Gesellschaft Springer Fachmedien Wiesbaden GmbH und ist ein Teil von Springer Nature.
Die Anschrift der Gesellschaft ist: Abraham-Lincoln-Str. 46, 65189 Wiesbaden, Germany

Was Sie in diesem *essential* finden können

- … einen Überblick über Hintergründe von Baustreitigkeiten,
- … Ansätze zur einvernehmlichen Beilegung dieser Streitfälle,
- … Rechtsgrundlagen, Checklisten, Adressen zur schnellen Umsetzung.

Vorwort

Vor 20 Jahren begann ich in meinem Berliner Heimatbezirk mit der Beilegung von Streitigkeiten in Nachbarschaften. Dank meiner Neigung, nach Zusammenhängen zu suchen, lernte ich dabei viel über die Gesellschaft. Ich berichtete in Büchern, Zeitschriften, Vorträgen und untersuchte die Wirksamkeit außergerichtlicher Streitbeilegung in Berlin. „Streitbeilegung in der Wohnungswirtschaft", erschienen 2019 bei Haufe, zeigt meine beruflichen Erfahrungen dieser Jahrzehnte.

Mittlerweile gibt es weniger Nachbarschafts- und Mietstreitsachen in der Wohnungswirtschaft, damit bei den Gerichten, während größere Spannungsfelder in Siedlungsgebieten (nicht nur in Großstädten!) immer deutlicher werden. Die Verdichtung und Vernetzung von Ballungsräumen zulasten ländlicher Gebiete – mit Klimawandel und Zuwanderung als Rahmenbedingungen – sowie der Wandel in vielen Wirtschaftszweigen haben die Bautätigkeit belebt und damit auch Debatten, wie, wo und warum sich Siedlungen entwickeln und wie man darin künftig leben soll.

Es war mir wichtig, diesen Leitfaden über die Streitbeilegung in Bauvorhaben zusammenzustellen für

- Leitungs- und Fachkräfte der Wohnungs-/Grundstücks-/Bauwirtschaft sowie aus Bauämtern und anderen einschlägigen Behörden, die mit streitträchtigen Bauvorhaben befasst sind,
- Vermittlern/Schlichtern auf diesem Gebiet,
- Lehrenden, Studierenden und Auszubildenden der Fachgebiete Wohnungs-/Grundstückswirtschaft oder *Facility Management* und Teilnehmende an Fort- und Weiterbildungen dieser Tätigkeitsfelder.

Ein Buch ersetzt im Einzelfall keine Rechtsberatung, auch gibt es keine Garantien für den Erfolg von Vermittlungsversuchen. Hinweise und Ergänzungen sind jederzeit willkommen. Verwendete Tätigkeits-, Rollen- und Berufsbezeichnungen sind ohne Geschlechtszuweisung zu verstehen – man lese also Bürger (m/w/d), Eigentümer (m/w/d), Mieter (m/w/d), Pächter (m/w/d), Vermittler (m/w/d), Schlichter (m/w/d) und so weiter.

Ich danke der Springer-Gruppe, insbesondere Karina Danulat von Springer Vieweg Wiesbaden sowie Madhipriya Kumaran und Nirmal Iyer dafür, dass ich ein weiteres Vorhaben verwirklichen konnte.

Berlin   Dr. Mario H. Kraus
im Sommer 2021

Inhaltsverzeichnis

Über den Autor

Dr. Mario H. Kraus (*1973 Berlin), seit 2002 Mediator und Publizist (Fachgebiet Wohnungswirtschaft/Stadtentwicklung, mediation.kraus@berlin.de), Dissertation bei dem Stadtforscher Prof. Dr. Hartmut Häußermann (1943–2011), Humboldt-Universität zu Berlin 2009, betreute ein Berliner Wohnungsunternehmen, unterrichtete Mediation an der Humboldt-Universität zu Berlin sowie der Universität Rostock, veröffentlichte Beiträge in Fachzeitschriften sowie mehrere Fachbücher und ist heute Mitglied des Aufsichtsrats der größten Berliner Wohnungsgenossenschaft.

Abbildungsverzeichnis

Streitigkeiten in und um Bauvorhaben 1

Die deutsche Bauwirtschaft hat Schnittmengen mit allen wichtigen Wirtschafts-kreisläufen und ist mit knapp 900.000 Erwerbstätigen in etwa 80.000 Unterneh-men ein wichtiger Arbeitsmarkt; in der Grundstücks-/Wohnungswirtschaft sind es etwa 480.000 Beschäftigte in 170.000 Unternehmen. Beide Wirtschaftszweige sind wesentlich beteiligt an der Siedlungsentwicklung und der Vermögensbil-dung in diesem Land; Gebäude (9,4 Billionen EUR) sowie Grund und Boden (5,3 Billionen EUR) bilden 88 % des Sachvermögens in der deutschen Volks-wirtschaft. 2020 wurden 387 Mrd. EUR mit Bauvorhaben umgesetzt; 61 % davon entfielen auf Wohnbauten (BMI, 2021; Destatis, 2021a, b, c). Zahlen zur Bautätigkeit der letzten Jahre zeigt Tab. 1.1. Auch in dieser Branche wirkt die all-gemeine Verrechtlichung, die fortschreitende Durchdringung aller Lebensbereiche mit Rechtsvorschriften und Regelungen (Bau-, Arbeits-, Verwaltungs-, Steuer-, Wohneigentums- und Mietrecht, Bauförderung, Bauordnungen der Gemeinden, …). Trotz aller Regelungen und Erfahrungen sind und bleiben Bauvorhaben jedoch grundsätzlich streitträchtig, geht es doch stets um

- mehrere (mitunter sehr viele) Beteiligte,
- Auswirkungen in den umliegenden Siedlungsraum,
- große Geldsummen und langfristige Orts- und Zeitbindungen,
- zahlreiche verbindliche Rechtsgrundlagen, zudem
- verläuft fast kein Neubauvorhaben störungs- und fehlerfrei.

Zu den verbreiteten Streitgegenständen gehören

- Verzögerungen und Versagungen (bau-)amtlicher Genehmigungen oder die Erteilung behördlicher Auflagen,

© Der/die Autor(en), exklusiv lizenziert durch Springer Fachmedien
Wiesbaden GmbH, ein Teil von Springer Nature 2021
M. H. Kraus, *Streitbeilegung in Bauvorhaben,* essentials,
https://doi.org/10.1007/978-3-658-35789-4_1

Tab. 1.1 Baugenehmigungen und Baufertigstellungen (Destatis, 2021c)

	2016	2017	2018	2019	2020
Baugenehmigungen Wohngebäude	184.877	175.707	173.568	176.637	187.130
Davon Neubau	125.157	119.060	117.869	119.457	124.596
Baugenehmigungen Nichtwohngebäude	48.956	46.164	45.926	46.041	45.078
Davon Neubau	29.101	26.952	27.147	27.036	27.061
Baufertigstellungen Wohngebäude	160.338	159.586	156.487	157.791	164.940
Davon Neubau	109.990	110.051	107.581	108.071	112.935
Baufertigstellungen Nichtwohngebäude	41.740	40.524	40.987	39.994	40.336
Davon Neubau	24.402	23.956	24.321	23.642	24.310

- Mängel bei Lieferungen und Leistungen beteiligter Unternehmen, Verzögerungen durch mangelhafte Abstimmung oder begrenzte Verfügbarkeit der Gewerke,
- Verzögerungen am Bau durch Baumängel, Hitzewellen, Erdrutsche, Überschwemmungen, Auffinden von Kampfmitteln/Altlasten,
- Kostensteigerungen durch Nach- und Neuplanungen in laufenden Vorhaben; Preisanstiege bei Baustoffen, Lohnerhöhungen oder Forderungen von Beteiligten (Nachträge, Abschläge),
- Rechtsmittel von Wohnungsunternehmen und Einzeleigentümern mit umliegenden Beständen oder das Entstehen von Protestinitiativen.

Seit Jahren wachsen viele städtische Ballungsräume; neue Wohnanlagen, Verkehrswege und Versorgungseinrichtungen entstehen, Unternehmen errichten Betriebsstätten. Gerade städtische Siedlungsräume sind Gebilde höchster Komplexität (Abb. 1.1); bereits in „ruhigen" Zeiten wirken gesellschaftliche Spannungen und Gegensätze, noch deutlicher werden diese bei wesentlichen Veränderungen der Bevölkerung oder der Wirtschaftslage. Nachverdichtungen von Siedlungen umfassen insbesondere

- Aufstockungen/Dachausbauten,
- Anbauten/Ergänzungen,
- Blockrand-/Lückenschließungen (auf Brachflächen),

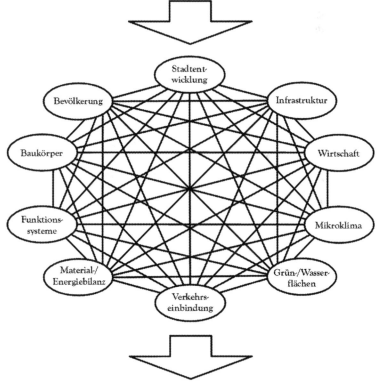

Menschen (Geborene, Zuziehende + Pendelnde, Reisende)
Information, Geld
Waren, Rohstoffe, Brennstoffe (Kohle, Öl, Gas)
Luft
Wasser (Grundwasser, Gewässer, Niederschläge)
Energie (Sonnenlicht, Strom)

Stadtentwicklung
Bevölkerung
Infrastruktur
Baukörper
Wirtschaft
Funktionssysteme
Mikroklima
Material-/Energiebilanz
Grün-/Wasserflächen
Verkehrseinbindung

Menschen (Gestorbene, Fortziehende + Pendelnde, Reisende)
Information, Geld
Waren
Abfall, Abluft, Abgase, Abwasser, Abwärme

Abb. 1.1 Stadt als Netzwerk und Beziehungsgeflecht: Ein Siedlungsraum kann nur dauerhaft bestehen, wenn Bevölkerung, Wirtschaft und Staat in vielfältigen Gleichgewichten wechselwirken

- Verdichtungen von Blockinnenbereichen oder
- Umnutzungen und Aufwertungen von Baukörpern.

Solche Maßnahmen gehen im Fall großräumiger Veränderungen einher mit Erweiterung oder Neubau von Ver-/Entsorgungsleitungen, Straßen und Nahverkehrstrassen oder diversen Versorgungseinrichtungen (Kindergärten, Schulen, Einzelhandel).

Hierbei können die vielfältigen Absichten und Ansprüche der Beteiligten und Betroffenen selten reibungsarm miteinander vereinbart werden. Aufkommende Streitfragen sind rechtlicher, baufachlicher, wirtschaftlicher oder wissenschaftlicher Art; geht es um die Ansiedlung von Unternehmen oder die Errichtung ganzer Stadtteile, kommen außerdem Machtfragen zwischen Einflussgruppen hinzu (nicht nur in Wahljahren!) Dies geschieht in lebendigen gesellschaftlichen Spannungsfeldern: Eine Übernachfrage in städtischen Wohnungsmärkten und Veränderungen in der Arbeitswelt, verbunden mit Konzentrationsprozessen in der Immobilienbranche, verändern die örtliche Zusammensetzung der Bevölkerung (zu messen an Alter, Herkunft, Bildungsgrad, Erwerbstätigkeit, Lebensentwürfen, …). Widerwillen und Widerstand in der Anwohnerschaft sind nicht selten und beziehen sich auf im Einzelfall durchaus nachvollziehbare Befürchtungen wie

- Verschattungen (Fensterfronten, Balkone) und Verbauungen (Freiflächen, Sichtachsen) durch Neubauten auf umliegenden Grundstücken,
- Überlastung öffentlicher Einrichtungen (Kindergärten, Schulen, Verkehrsmittel) und des öffentlichen Raums (Straßen, Parkplätze, Parks),
- Verdrängung der ortsansässigen Bevölkerung durch Aufwertungen und Mietsteigerungen (Stichwort *Gentrifizierung*),
- Verschlechterung des *Mikroklimas* (Verlust von Grün- und Erholungsflächen, Flächenversiegelungen, Verschlechterungen bei Durchlüftung und Wärmeaustausch) und Lärmbelastung (kurzfristig durch Bauarbeiten, langfristig durch stärkeres Verkehrsaufkommen),
- Gefühle von Fremdbestimmung und Missachtung aufgrund als lebensfern empfundener Planungsverfahren (Kraus, 2019).

Umfassende Verdichtungen, Ergänzungen, Verbesserungen von Siedlungsgebieten erfolgen nach dem Baugesetzbuch durch Städtebauliche Sanierungsmaßnahmen (§§ 136 ff. BauGB), Städtebauliche Entwicklungsmaßnahmen (§§ 165 ff. BauGB) und Stadtumbaumaßnahmen (§ 171a BauGB); in Ländern und Gemeinden gibt es weitere Gestaltungsmittel. Heikel und streitträchtig wird es, wenn Betroffene

- den jeweiligen Bebauungsplan (§ 9 BauGB) ganz oder teilweise ablehnen (lebensfremd, einengend, wirtschaftlich nachteilig), die Art und Weise einer Beteiligung als oberflächlich und ausgrenzend erleben, etwa bei Vorhaben im vereinfachten/beschleunigten Verfahren (§ 13 BauGB), oder wenn sie Begründungen mit dem „Wohl der Allgemeinheit" oder der „Wahrung öffentlicher Belange" anzweifeln,
- Vermögensschäden fürchten oder erleiden, weil eine Änderung des Bebauungsplans getätigte Aufwendungen entwertet; gegebenenfalls sind Entschädigungen strittig (§ 39 ff. BauGB), etwa bei Umlegungen (Zusammenlegung und Neuzuschnitt) von Grundstücken (§§ 45 ff. BauGB) oder Enteignungen (§§ 85 ff. BauGB),
- Art und Kosten einer beabsichtigten Erschließung ihrer Grundstücken infrage stellen, vor allem wenn diese bereits bebaut sind und genutzt werden (§§ 123 ff. BauGB), oder Instandsetzungs-, Bau- oder Rückbaugebote zu erfüllen haben.

Mieter/Pächter haben die vorgenannten Maßnahmen zu dulden (§ 175 BauGB); gegebenenfalls muss Ersatz beschafft oder entschädigt werden, wenn Miet- und Pachtverhältnisse enden (§§ 180 ff. BauGB). Bei Nachverdichtungen i. S. d. § 34 BauGB sind die neuen Baukörper lediglich an die benachbarte Bebauung anzupassen; die behördlichen Verfahren sind knapp gehalten (sodass im Umfeld durchaus der Eindruck entstehen kann, nicht einbezogen zu werden). Weitere Streitfragen können aus Vorschriften der Baunutzungsverordnung (Bundesrecht) sowie der jeweiligen Bauordnungen und Nachbarrechtsgesetze (Landesrecht) ergeben, die beispielsweise Abmessungen und Zweckbestimmungen von Baukörpern, Bauabstände, Leitungs- und Wegerechte oder den Brandschutz regeln. Auch der Denkmalschutz wird mitunter zur Herausforderung.

Öffentliches Baurecht (i. S. d. BauGB, BauNVO, Landesbauordnungen, Nachbarrechtsgesetze) ist Verwaltungsrecht; in der Umsetzung unterliegt das einzelne Bauvorhaben hinsichtlich der Rechtsbeziehungen beim Grundstückserwerb, der Beauftragung von Gewerken, der Abrechnung von Leistung und der Vermietung, dem bürgerlichen Recht. Somit können auch nach Abschluss eines Bauvorhabens Streitfälle auftreten, die vom Bau- ins Mietrecht überleiten, etwa um die Anpassung von Mietverträgen oder auch zwischen „Alteingesessenen" und „Zugezogenen".

Die Lage städtischer Haushalte beförderte seitdem über Jahrzehnte die *Privatisierung/Festivalisierung* öffentlicher Räume (Häußermann et al., 2008); Fremdenverkehr und Großveranstaltungen werden auch nach der Corona-Pandemie die Umsätze verschiedener Wirtschaftszweige und damit das Steueraufkommen heben. Kehrseite sind nachteilige Wirkungen vor Ort wie

- Errichtung von Bauten überwiegend für Geschäftszwecke (Gastrono-mie/Hotellerie, Büros) und (Fehl-)Nutzung von Wohnraum als Ferienwohnungen mit der Folge von Mietsteigerungen in „begehrten" Gebieten,
- Sicherheitsmaßnahmen (Absperrungen, Umleitungen, Personenkontrollen) im Umfeld von Veranstaltungsorten,
- Überlastung von Straßen, Parkplätzen, Verkehrsmitteln,
- Lärmbelästigungen, Verschmutzungen, Beschädigungen (Grünflächen, Parkanlagen), aber auch Diebstähle, Drogenhandel, Gewalttaten, oder die
- Ausrichtung des örtlichen Einzelhandels auf den Fremdenverkehr statt auf die Bedürfnisse der Anwohnerschaft.

Es ist einerseits in umstrittenen Bauvorhaben überaus sinnvoll, die Anwohnerschaft frühzeitig und über den baurechtlichen Rahmen hinaus anzusprechen und einzubinden. Ein schwieriges, von Gegensätzen geprägtes gesellschaftliches Umfeld kann Bauvorhaben erschweren; mit der Größe des Vorhabens steigt die Wahrscheinlichkeit von Störungen und Hindernissen. Andererseits ist es nicht selten, dass Widerstand gegen Veränderungen in städtischen Räumen kurz- bis mittelfristig durch Fort- und Zuzüge schwindet; so manche Siedlungsräume wandeln sich binnen weniger Jahre durch Aufwertungen, Verdichtungen oder Gewerbeansiedlungen erheblich.

Kommt es zu Streit, wird zumeist der Rechtsweg bevorzugt. Doch gericht-lich ausgetragene Baustreitsachen ziehen sich oft über Jahre, dauern also ein Mehrfaches der veranschlagten Bauzeit; ein großer Teil der Verfahren betrifft den Eigenheimbau. Das bedeutet nicht nur hohe Kosten für Menschen, die nur in einem eng umgrenzten Kostenrahmen handeln können, sondern auch Beeinträchtigungen des Familienlebens. Während das Aufkommen an Nachbar-schaftsstreitigkeiten vor deutschen Gerichten sich seit Jahren im Promillebereich der Zahl aller Haushalte bewegt, wurden 2020 vor den Amtsgerichten 7064 und vor den Landgerichten 27.179 Bau- und Architektensachen (außer Honorarstrei-tigkeiten), weitere 1595 Bausachen und 135 Baulandsachen (jeweils 1. Instanz) erledigt – überwiegend durch Vergleich, Klagerücknahme oder Versäumnisur-teil – sowie vor den Landgerichten 799 Berufungen in Bausachen (Destatis, 2021d). Im Jahr 2019 erledigten die Verwaltungsgerichte 8292 Fälle im Sachge-biet „Raumordnung, Landesplanung, Bau-, Boden- und Städtebauförderungsrecht einschließlich Enteignung", die Oberverwaltungsgerichte weitere 436 sowie 1152 Fälle in Berufung und 739 Beschwerden gegen entsprechende Entscheidungen oder Verfahren zur Gewährung von vorläufigem Rechtsschutz (Destatis, 2020). Somit gestaltet sich grob geschätzt jährlich etwa ein Fünftel aller (geplanten und laufenden) Bauvorhaben so streitträchtig, dass sie in Gänze oder zu Teilen vor Gericht behandelt werden. Die Streitwerte sind regelmäßig deutlich höher als in „üblichen" Nachbarschafts- und Mietrechtssachen. Nicht bekannt ist die Zahl vorgerichtlich oder schiedsgerichtlich gelöster Streitfälle. Ein Bedarf an Angeboten zur Streitbeilegung ist also erkennbar und wird aufgrund anhaltender Bautätigkeit mittelfristig nicht schwinden.

Ist ein Bauvorhaben nicht nur umfangreich und in Teilen der Bevölkerung umstritten, sondern von landes- oder bundesweiter Bedeutung, können sich die Auseinandersetzungen über Jahrzehnte hinziehen; Beispiele sind

- der Bau des mittlerweile in Betrieb gegangenen, neuen Berliner Flughafens,
- der Weiterbau der Autobahn A 100 im Berliner Stadtgebiet,
- der Weiterbau der Autobahn A 49 Kassel-Gießen,
- der Betrieb von Braunkohlentagebauen oder
- der vollendete Bau der Dresdner Elbschlösschenbrücke.

Die Entwicklungen umfassen in solchen Fällen zahlreiche gerichtliche Verfahren, bieten Stoff für Wahlkämpfe und spalten mitunter die Bevölkerung der betroffenen Gebiete. Doch eine Frontenbildung etwa zwischen „Arbeitsplätzen" und „Umweltschutz" befördert selten sachliche Lösungen. Ein kleiner Teil derartiger Fälle konnte bisher durch außergerichtliche Vermittlung bearbeitet werden; Beispiele sind die Mediationen zur Erweiterung des Frankfurter Flughafens vor etwa 20 Jahren oder zur Sanierung des Landwehrkanals in Berlin vor etwa 10 Jahren.

Begrifflichkeiten und Abgrenzungen 2

Ein *Konflikt* (lat. *confligere,* kämpfen, zusammenstoßen) entsteht zwischen mindestens zwei Menschen *(Konfliktparteien),* die sich miteinander in einem Spannungs- oder Abhängigkeitsverhältnis befinden – weil sie beispielsweise im gleichen Siedlungsraum leben, aber unterschiedlichen Gruppen der Bevölkerung angehören, weil sie gegensätzliche Ziele verfolgen oder anderweitig ihre jeweiligen Bedürfnisse verkennen oder missachten. Solche Bedürfnisse umfassen

- Nahrung, Wasser, Kleidung (Grundbedürfnisse),
- Geborgenheit, Sicherheit vor Gewalt (Grundbedürfnisse),
- Fortpflanzung, Kindererziehung,
- Anerkennung, Geltung, Ehre,
- Eigenständigkeit/Selbstabgrenzung/Weiterentwicklung,
- Zugehörigkeit,
- Beziehung, Liebe,
- Besitz/Wohlstand/Reichtum,
- Macht,
- Rache/Vergeltung.

Bedürfnisse sind von Mensch zu Mensch unterschiedlich stark ausgeprägt. Auch Streitfälle im Geschäftsleben haben nicht nur wirtschaftliche, zeitliche, rechtliche oder fachliche Anteile, sondern ebenso menschliche Wirkungsgrößen. Mit dem Umfang und der Breitenwirkung eines Bauvorhabens wächst diese Gemengelage: Wer vermitteln will, muss Zusammenhänge und Hintergründe aller Streitbeteiligten erkennen. Bauherren und Bauträger sowie Stadtverwaltungen sind üblicherweise fähig, ihre Absichten, Vorhaben und Ziele öffentlich darzustellen. „Die Bevölkerung" oder „die Anwohnerschaft" im Umfeld jedoch ist nicht

© Der/die Autor(en), exklusiv lizenziert durch Springer Fachmedien Wiesbaden GmbH, ein Teil von Springer Nature 2021
M. H. Kraus, *Streitbeilegung in Bauvorhaben,* essentials,
https://doi.org/10.1007/978-3-658-35789-4_2

einheitlich; sie besteht aus Menschen mit sehr unterschiedlichen Bedürfnissen.
So gibt es beispielsweise nicht „die Mieter", sondern solche, die

- mit ihrer Lage zufrieden sind, alte und günstige Mietverträge oder für sich
  eine „Nische" im Leben gefunden haben,
- Netzzugang und Partyszene wichtiger finden als ihr näheres Wohnumfeld,
- zu alt, zu krank oder zu belastet sind, um sich um darum zu kümmern,
- nur kurzzeitig an einem Ort verweilen und viel unterwegs sind (Auszubil-
  dende, Studierende, Außendienstler),
- langfristig von staatlichen Unterstützungsleistungen leben – oft ohne Anreiz
  und Fähigkeit, sich für Verbesserungen einzusetzen,
- dank Einkommen/Vermögen freiwillig hohe Mieten zahlen, um sich in guten
  Wohnlagen von anderen Milieus abzugrenzen,
- trotz hoher Mieten bleiben, weil sie anderswo auch keinen bezahlbaren
  Wohnraum finden (insbesondere Alleinerziehende, Mindestlohnbeschäftigte),
- in Untermietverhältnissen leben, abhängig vom Wohlwollen der Hauptmieter,
- in Wohngemeinschaften leben und Streit mit dem Vermieter meiden, aber auch
  solche, die
- sich fordernd mit Veränderungen im Wohnumfeld befassen und vor Öffentlichkeit und Gerichtsverfahren nicht zurückschrecken (Kraus, 2019).

Deren Anteile sind von Ort zu Ort verschieden; selten besteht einheitlicher Leidensdruck. So muss im Einzelfall zunächst geklärt werden, worum es überhaupt
geht. Ein *Konflikt* ist, wie *Kommunikation* oder *Kultur,* ein *Sozialphänomen,* das
nicht als solches, sondern anhand des Verhaltens der Beteiligten oder seiner Auswirkungen im Umfeld wahrgenommen wird. Wissenschaftlich ist zunächst zu
unterscheiden ist zwischen

- *latenten Konflikten* (verborgen, noch nicht wirksam, angelegt in Gegensätzlich-
  keiten von Menschen, „Dunkelfeld") und
- *manifesten Konflikten* (offen, wahrnehmbar an Streit, Störungen im Arbeitsum-
  feld, Gerichtsverfahren, „Hellfeld"),

dann nach dem Kreis der Beteiligten zwischen

- *intrapersonellen Konflikten* (seelische Nöte einzelner Menschen),
- *interpersonellen Konflikten* (zwischen mehreren Menschen),
- *intrakollektiven Konflikten* (in Gruppen, Nachbarschaften, Unternehmen) und

- *interkollektiven Konflikten* (zwischen Bevölkerungsgruppen, Unternehmen oder diesen und „dem Staat"),

nach dem Ausmaß zwischen

- *mikrosozialen Konflikten* (Familie, Freundeskreis, Nachbarschaft, Arbeitsgruppe),
- *mesosozialen Konflikten* (Unternehmen, Stadtteil) und
- *makrosozialen Konflikten* (Großstadt, „Gesellschaft"),

sowie bezogen auf Bauvorhaben etwa zwischen

- *intrinsischen Konflikten* (zwischen den Beteiligten: Bauherr, Bauträger, Gewerke) und
- *extrinsischen Konflikten* (zwischen Bauherr/Bauträger und Behörden oder der Nachbarschaft).

Ein Beilegungsversuch im Sinn dieses Leitfadens ist nur sinnvoll, wenn der Streitfall zwar bereits offen ausgetragen wird, aber noch begrenzt ist auf eine überschaubare, bezifferbare Zahl von Beteiligten und klar zu beschreibende Streitgegenstände *(manifester, interpersoneller/intrakollektiver, mesosozialer Konflikt)*. Das ist nur die erste Rahmenbedingung (Abb. 2.1); sie ist regelmäßig erfüllt bei Streitigkeiten zwischen Bauherren und Bauträgern sowie zwischen diesen und den Fachbehörden oder den beteiligten Gewerken. Wirkt der Streitfall in den umliegenden Siedlungsraum, gibt es immer mehr Beteiligte und immer mehr Aufregung um die (sich mehrenden) Streitgegenstände; zwangsläufig wächst der Maßstab von Vermittlungsversuchen (Abschn. 4).

Der Versuch einer einvernehmliche Beilegung ist grundsätzlich nur eine von zehn Handlungsmöglichkeiten der Beteiligten (Abb. 2.2); welche im Einzelfall sinnvoll und umsetzbar sind, muss jeweils geprüft werden. Auch hier geht es um unterschiedliche Bedürfnisse und die Frage, wie selbst- oder fremdbestimmt die Beteiligten handeln können:

- Rückzug (Flucht) erscheint im Geschäftsleben selten als guter Ansatz, schon gar nicht in einem begonnenen Bauvorhaben; doch kann die Veräußerung der betreffenden Liegenschaft bei einem gescheiterten Vorhaben durchaus das letzte Mittel sein.
- Wird Rechtssicherheit für viele Beteiligte oder viele ähnliche Fälle gefordert, ist ein Gerichtsverfahren angezeigt (Entscheidung); dies gilt auch, wenn

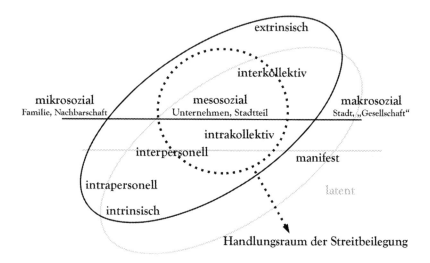

Abb. 2.1 Konflikte: Versuch einer Einteilung. Streitigkeiten um Bauvorhaben fallen in den markierten Bereich

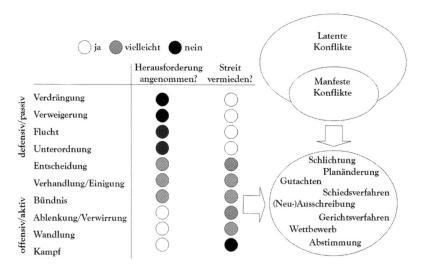

Abb. 2.2 Handlungsmöglichkeiten bei Herausforderungen (Kraus, 2019)

sich Beteiligte einer sachlichen Aussprache entziehen oder klar rechtswidrig handeln.

- Statt die umstrittene Gestaltung einer Wohnanlage nervenaufreibend gegenüber der örtlichen Anwohnerschaft durchzusetzen, kann deren Einbeziehung in einem Gestaltungswettbewerb hilfreich sein (Wandlung).

Grundsätzlich ist es richtig, dass der Bauherr eines kleinen Eigenheims beim Scheitern des Vorhabens mehr zu verlieren hat als ein großes Unternehmen und möglichst nicht den Bauträger oder wesentliche Gewerke wechseln sollte. Doch sind auch große, öffentlichkeitswirksam angekündigte und gerade kostenträchtig begonnene Vorhaben „zum Erfolg verdammt" (Presseecho!) In den letztgenannten Fällen kann zumindest versucht werden, mit einem zeitnah angesetzten und passgenauen Schiedsverfahren das Vorhaben noch zu retten, Spielräume mit den Banken auszuhandeln oder beteiligte Unternehmen auszutauschen. Dies kann ein Kleineigentümer, der zum ersten und letzten Mal in seinem Leben baut, wegen der hohen Mehrkosten und der fehlenden Verhandlungsmacht zumeist nicht.

Nicht nur Bauherren, Bauträger und die Gewerke haben mehrere Möglichkeiten, mit Schwierigkeiten in gemeinsamen Vorhaben umzugehen; auch Anwohner und Eigentümer aus dem Siedlungsraum können sich auf verschiedene Weise gegen Bauvorhaben in der Nachbarschaft stemmen, indem sie etwa

- eine Protestinitiative gründen, die Kundgebungen durchführt, Wahlkreisabgeordnete anspricht (etwa mit dem Ziel einer Kleinen Anfrage im jeweiligen Landesparlament zu Hintergründen des Vorhabens) und sich mit Umwelt- oder Mieterverbänden sowie anderen Betroffenen vernetzt,
- eine Petition an das Landesparlament richten (siehe die Landesverfassungen i. V. m. Art. 17 Grundgesetz),
- eine Klage gegen das Vorhaben anstreben, wenn vermeintlich geltendes Recht verletzt oder behördliche Verfahren fehlerhaft durchgeführt wurden.

Über Jahrzehnte zeigte sich in Deutschland, dass der Verweis auf den „Fortschritt" nicht ausreicht, um Menschen aus dem Umfeld für ein Bauvorhaben zu gewinnen. Der Bau einer Wohnanlage kann aus verschiedensten Gründen selbst in Siedlungsräumen mit Wohnungsmangel streitträchtig sein, von Straßen, Schienenwegen, Stromtrassen, Windkraftanlagen oder Flüchtlingsunterkünften ganz zu schweigen. Manchmal sind es tatsächlich Fälle von NIMBY *(Not In My Backyard)*; meist dürfte es schlicht Angst sein – vor steigenden Lebenshaltungskosten, schlechteren Lebensbedingungen, bedrohlicher Zukunft – oder die Verärgerung darüber, einmal mehr im Leben nicht gefragt worden zu sein. Es gibt gute Erfahrungen mit anfangs umstrittenen Bauvorhaben, wenn von Anbeginn ganzheitlich und umsichtig gehandelt wird – unter Einbeziehung nicht nur der Fachbehörden, sondern auch der Menschen im Umfeld (BBSR, 2018; Jung & Renken, 2021). Dass jemand aus reiner Boshaftigkeit versucht, ein Bauvorhaben zu behindern, ist eher selten; es lohnt sich hingegen, den Menschen erst einmal vorurteilsfrei zuzuhören.

Rechtsgrundlagen

3

Seit Beginn der Sesshaftigkeit gab es in allen Kulturen Ansätze der einvernehmlichen Streitbeilegung (Althoff, 2010). Gerichte entstanden in Europa in den letzten etwa 1500 Jahren – sie nutzten teils brachiale Mittel wie Schuldhaft und Folter, doch in Streitigkeiten um Erbschaften, Grundstücke, Weg-, Weide- und Wasserrechte wurde auch in alten Zeiten durchaus lange (und kostspielig) verhandelt. In Deutschland betrieb Friedrich II. von Preußen (*1712, †1786), genannt der Große, eine sich über Jahrzehnte schleppende Justizreform, die später in das Allgemeine Landrecht ALR mündete. Vergleiche waren damals ein übliches, wenn auch nicht beliebtes Mittel, um langwierige Verfahren abzukürzen. So schrieb der Zeitgenosse Adolf Freiherr Knigge (*1752, †1796) in dem bekannten Werk „Vom Umgang mit Menschen" (1788):

„Man hüte sich, mit seinem Vermögen oder seiner Person in die Hände der Justiz zu fallen. Man weiche auf alle mögliche Weise jedem Prozess aus und vergleiche sich lieber, auch bei der sichersten Überzeugung von Recht, gebe lieber die Hälfte dessen hin, was uns ein anderer streitig macht, bevor man es zum Schriftwechsel kommen lasse."

Vergleich, Versäumnisurteil und Rücknahme der Klage dienen seit Langem dazu, Urteile zu vermeiden oder überflüssig zu machen. In den letzten 30 Jahren entstanden in Deutschland neue Ansätze der vorgerichtlichen, gerichtsnahen und gerichtlichen Streitbeilegung; heute gibt es für jedes Rechtsgebiet, für jeden Lebensbereich geeignete Angebote, die jedoch längst nicht allgemein bekannt sind und daher ganz unterschiedlich nachgefragt werden. Das Bürgerliche Recht umfasst das Vertragsrecht und ermöglicht einvernehmliche Streitbeilegung auf verschiedenen Wegen; so ist insbesondere in der Zivilprozessordnung geregelt:

© Der/die Autor(en), exklusiv lizenziert durch Springer Fachmedien Wiesbaden GmbH, ein Teil von Springer Nature 2021
M. H. Kraus, *Streitbeilegung in Bauvorhaben*, essentials,
https://doi.org/10.1007/978-3-658-35789-4_3

„Die Klageschrift soll ferner enthalten: 1. die Angabe, ob der Klageerhebung der Versuch einer Mediation oder eines anderen Verfahrens der außergerichtlichen Konfliktbeilegung vorausgegangen ist, sowie eine Äußerung dazu, ob einem solchen Verfahren Gründe entgegenstehen ..." (253 (3) ZPO).

„(1) Das Gericht soll in jeder Lage des Verfahrens auf eine gütliche Beilegung des Rechtsstreits oder einzelner Streitpunkte bedacht sein. (2) Der mündlichen Verhandlung geht zum Zwecke der gütlichen Beilegung des Rechtsstreits eine Güteverhandlung voraus, es sei denn, es hat bereits ein Einigungsversuch vor einer außergerichtlichen Gütestelle stattgefunden oder die Güteverhandlung erscheint erkennbar aussichtslos. ... (5) Das Gericht kann die Parteien für die Güteverhandlung sowie für weitere Güteversuche vor einen hierfür bestimmten und nicht entscheidungsbefugten Richter (Güterichter) verweisen. Der Güterichter kann alle Methoden der Konfliktbeilegung einschließlich der Mediation einsetzen" (§ 278 ZPO).

„(1) Das Gericht kann den Parteien eine Mediation oder ein anderes Verfahren der außergerichtlichen Konfliktbeilegung vorschlagen. (2) Entscheiden sich die Parteien zur Durchführung einer Mediation oder eines anderen Verfahrens der außergerichtlichen Konfliktbeilegung, ordnet das Gericht das Ruhen des Verfahrens an" (§ 278a ZPO).

In Streitsachen aus Beschäftigungsverhältnissen fordert das Arbeitsgerichtsgesetz zunächst eine Güteverhandlung zwecks gütlicher Einigung (§ 54 ArbGG); ferner kann das Gericht ein gesondertes Verfahren zur Streitbeilegung vorschlagen (§ 54a ArbGG i. S. d. § 278a ZPO).

Auch im Verwaltungsrecht (Stichworte Baugenehmigungen, Bauauflagen, Enteignungen) sind nach der Verwaltungsgerichtsordnung Vermittlungsversuche möglich (§ 173 VwGO i. V. m. §§ 278 (5), 278a ZPO).

Das Baugesetzbuch bestimmt zur Beteiligung der Öffentlichkeit oder zum Vorgehen bei Enteignungen:

„Die Gemeinde kann insbesondere zur Beschleunigung des Bauleitplanverfahres die Vorbereitung und Durchführung von Verfahrensschritten ... einem Dritten übertragen. Sie kann einem Dritten auch die Durchführung einer Mediation oder eines anderen Verfahrens der außergerichtlichen Konfliktbeilegung übertragen" (§ 4b BauGB).

„Die Enteignungsbehörde hat auf eine Einigung zwischen den Beteiligten hinzuwirken" (§ 110 BauGB).

Für die Beilegung von Baustreitigkeiten gibt es Verfahrensordnungen zur Vermeidung gerichtlicher Verfahren, deren Geltung von Bauherren und Bauträgern vereinbart werden kann, insbesondere die

- Schlichtungs- und Schiedsordnung der Arbeitsgemeinschaft für Bau- und Immobilienrecht im Deutschen Anwaltverein (*SOBau*, letzte Fassung von 2020, www.sobau.de),
- Streitlösungsordnung für das Bauwesen der Deutschen Gesellschaft für Baurecht e. V. und des Deutschen Beton- und Bautechnik-Vereins e. V. (*SL Bau*, letzte Fassung von 2020, www.dg-baurecht.de, www.betonverein.de),
- Schlichtungsordnung Bau des Deutschen Baurechtstags e. V. (*SchliO Bau*, letzte Fassung von 2019, www.deutscher-baurechtstag.de).

Ferner betreiben die jeweils örtlich zuständigen Industrie- und Handelskammern, Handwerkskammern sowie Landeskammern der Architekten Schlichtungsstellen mit eigenen Schlichtungsordnungen. In Streitsachen mit großem Umfang und hohem Streitwert kann ein Schiedsgericht nach dem 10. Buch der Zivilprozessordnung angerufen werden (§§ 1025 ff. ZPO) (s. Anhang).

Die Vereinbarung einer Schlichtungsordnung, damit eines außer-/vorgerichtlichen Beilegungsansatzes für den Fall der Fälle erfüllt die einschlägige Bestimmung in der Vergabe- und Vertragsordnung für Bauleistungen (§ 18 (3) VOB/B); sie kann und sollte auch in Bauträger- und Bauverträge nach der Rechtslage von 2018 aufgenommen werden. Die Abgrenzung ist wesentlich für die Durchführung der Bauabnahme, die Gewährleistung oder die Kündigungs- und Rücktrittsrechte: Im Verhältnis mit öffentlichen Bauherren gilt die VOB/B, für nicht-staatliche Bauvorhaben von klassischen Eigenheim bis zur ganzen Wohnanlage wurden der Bauvertrag, Verbraucherbauvertrag oder Bauträgervertrag geschaffen, um die alten Regelungen zum Werksvertrag zu ergänzen und zu ersetzen.

Ferner sei verwiesen auf das Rechtsdienstleistungsgesetz. Rechtsberatung ist aus guten Gründen nur bestimmten Berufsgruppen vorbehalten, eine Streitbeilegung in Bausachen ohne rechtliche Begleitung scheint jedoch ein wagemutiges Unterfangen. Geregelt ist hier:

„Rechtsdienstleistung ist nicht: 1. die Erstattung wissenschaftlicher Gutachten, 2. die Tätigkeit von Einigungs- und Schlichtungsstellen, Schiedsrichterinnen und Schiedsrichtern, ..., 4. die Mediation und jede vergleichbare Form der alternativen Streitbeilegung, sofern die Tätigkeit nicht durch rechtliche Regelungsvorschläge in die Gespräche der Beteiligten eingreift, ..." (§ 2 (3) RDG).

Nachfolgende Ausführungen gelten für alle Vereinbarungen, die durch Ansätze der Streitbeilegung zustande gekommen sind:

Vollstreckbarkeit

Sie ist geregelt für Einigungen, die vor Gerichten, Schlichtungs- und Gütestellen oder Schiedsgerichten erzielt wurden; vollstreckbar sind in diesem Sinne auch Vereinbarungen, die etwa nach den erwähnten Bauschlichtungsordnungen erarbeitet oder solche, die im Nachgang notariell beurkundet wurden:

„Die Zwangsvollstreckung findet ferner statt: 1. aus Vergleichen, die zwischen den Parteien oder zwischen einer Partei und einem Dritten zur Beilegung des Rechtsstreits seinem ganzen Umfang nach oder in Betreff eines Teiles des Streitgegenstandes vor einem deutschen Gericht oder vor einer durch die Landesjustizverwaltung eingerichteten oder anerkannten Gütestelle abgeschlossen sind, sowie aus Vergleichen, die ... zu richterlichem Protokoll genommen sind, ... 4a. Aus Entscheidungen, die Schiedssprüche für vollstreckbar erklären, sofern die Entscheidungen rechtskräftig oder für vorläufig vollstreckbar erklärt sind ... 5. aus Urkunden, die von einem deutschen Gericht oder von einem deutschen Notar innerhalb der Grenzen seiner Amtsbefugnisse in der vorgeschriebenen Form aufgenommen sind, sofern die Urkunde über einen Anspruch errichtet ist, der einer vergleichsweisen Regelung zugänglich, nicht auf Abgabe einer Willenserklärung gerichtet ist und nicht den Bestand eines Mietverhältnisses über Wohnraum betrifft, und der Schuldner sich in der Urkunde wegen des zu bezeichnenden Anspruchs der sofortigen Zwangsvollstreckung unterworfen hat" (§ 794 (1) ZPO).

Verjährungshemmung

Diese ist insbesondere hinsichtlich wichtiger Zahlungs-, Kündigungs- und Gewährleistungsfristen wesentlich; eine Missachtung kann zu folgenschweren Rechtsverlusten führen:

„Schweben zwischen dem Schuldner und dem Gläubiger Verhandlungen über den Anspruch oder die den Anspruch begründenden Umstände, so ist die Verjährung gehemmt, bis der eine oder der andere Teil die Fortsetzung der Verhandlungen verweigert. Die Verjährung tritt frühestens drei Monate nach dem Ende der Hemmung ein" (§ 203 BGB).

„Die Verjährung wird gehemmt durch ... 4. die Veranlassung der Bekanntgabe eines Antrags, mit dem der Anspruch geltend gemacht wird, bei einer a) staatlichen oder staatlich anerkannten Streitbeilegungsstelle oder b) anderen Streitbeilegungsstelle, wenn das Verfahren im Einvernehmen mit dem Antragsgegner betrieben wird; die Verjährung wird schon durch den Eingang des Antrags bei der Streitbeilegungsstelle gehemmt, wenn der Antrag demnächst bekannt gegeben wird, ... 11. den Beginn des schiedsrichterlichen Verfahrens, 12. die Einreichung des Antrags bei einer Behörde, wenn die Zulässigkeit der Klage von der Vorentscheidung dieser

Behörde abhängt und innerhalb von drei Monaten nach Erledigung des Gesuchs die Klage erhoben wird; dies gilt entsprechend für bei einem Gericht oder bei einer ... Streitbeilegungsstelle zu stellende Anträge, deren Zulässigkeit von der Vorentscheidung einer Behörde abhängt, ... " (§ 204 (1) BGB).

Geheimhaltung/Vertrauensschutz
Da es in Baustreitigkeiten auch um geheimhaltungsbedürftige betriebliche Angelegenheiten geht, sind zu Beginn eines Vermittlungsversuchs insbesondere

- der Umgang mit Unterlagen sowie mit Mitschriften/Mitschnitten von Verhandlungen,
- bei größeren Vorhaben ferner Einzelheiten zur Öffentlichkeitsarbeit und
- für den Fall eines nachfolgenden Gerichtsverfahrens auch die Schweigepflicht der Beteiligten zu regeln, die vor einer Aussage eine gegenseitige Entbindung erfordert (Aussageverweigerung im Strafverfahren ist wohlgemerkt rechtlich nicht möglich, da die Beteiligten in Baustreitigkeiten zu keiner der im Strafgesetzbuch genannten geschützten Tätigkeitsgruppen gehören).

Einzelheiten zur rechtlichen Fundierung der Streitbeilegung sind der Literatur zu entnehmen (Eidenmüller & Wagner, 2015; Haft & v. Schlieffen, 2015). Die Streitbeilegung in Bauvorhaben wurde kürzlich umfassend dargestellt (Korbion, 2019; Jung & Renken, 2021); verweisen sei auf ein Standardwerk (Werner & Pastor, 2020).

Arbeitsansatz der Vermittlung

4

Die einvernehmliche Streitbeilegung soll den Beteiligten ermöglichen,

- ein umstrittenes Bauvorhaben planmäßig zu beginnen oder ein verzögertes Vorhaben schnellstmöglich weiterzuführen und zu beenden,
- dabei ihre (wirtschaftlichen, fachlichen, rechtlichen, zeitlichen, aber auch menschlichen) Bedürfnisse weitestgehend zu erfüllen,
- Mehrkosten, Zeitverzug und Stress zu mindern und zu begrenzen,
- dies alles schneller, günstiger, passgenauer und niederschwelliger als in einem Gerichtsverfahren zu bewältigen und, sofern es sich um Unternehmen handelt,
- eine nachteilige Öffentlichkeitswirkung zu vermeiden und gegebenenfalls noch in weiteren Vorhaben zusammenarbeiten zu können.

Die möglichen Ansätze sind nicht immer streng voneinander abgegrenzt und können nach Bedarf der Beteiligten miteinander verbunden werden. Zu unterscheiden ist zunächst zwischen

- **Mediation** (vgl. §§ 11 ff. SL Bau, Buch 1 SOBau) – Verhandlungen der Streitbeteiligten (*Medianden*), angeleitet von Vermittlern (*Mediatoren*), die keine Lösungsvorschläge machen,
- **Schlichtung** (vgl. §§ 15 ff. SL Bau, Buch 2 SOBau, SchliO Bau) – Lösungsvorschläge werden von den Schlichtern unterbreitet, müssen aber von den Streitbeteiligten nicht angenommen werden,
- **Schieds- oder Schiedsgutachterverfahren** (vgl. §§ 30 ff., 47 ff. i. V. m. 21 SL Bau, Buch 3/4 SOBau) – Streitbeteiligte unterwerfen sich einer Entscheidung, welche Rechtskraft hat; gegebenenfalls umfasst das Verfahren die fachliche Begutachtung der Streitgegenstände.

© Der/die Autor(en), exklusiv lizenziert durch Springer Fachmedien
Wiesbaden GmbH, ein Teil von Springer Nature 2021
M. H. Kraus, *Streitbeilegung in Bauvorhaben*, essentials,
https://doi.org/10.1007/978-3-658-35789-4_4

Vermittler können entsprechend der Art des Streitfalls sowie der Bedürfnisse und Zeitrahmen aller Beteiligten

- gemeinsame Arbeitstreffen zur Verhandlung ansetzen (fallweise auch Videokonferenzen),
- im Pendelverfahren reihum alle Beteiligten aufsuchen oder
- im Umlaufverfahren Unterlagen zur gemeinsamen Begutachtung und Bearbeitung versenden,

wobei von anfänglichen Treffen zu „Fernverhandlungen" übergegangen werden kann, wenn sich das Miteinander als tragfähig erwiesen hat. Ein ganzheitliches und umsichtiges Vorgehen umfasst dabei

- eine umfassendes Lagebild für den einzelnen Streitfall unter Würdigung aller Umstände, nicht nur der Rechtsansprüche (*Konfliktanalyse* – siehe auch die Checklisten im Anhang),
- die Arbeit am Streitfall mit allen Streitbeteiligten bis zu einer einvernehmlichen Lösung (*Konfliktregulierung*) sowie
- einerseits das Eingrenzen des Streitfalls, um Schlimmeres zu verhindern und andererseits das Sammeln von Erfahrungen, um mit künftigen Spannungen und Streitigkeiten besser als bisher umzugehen *(Konfliktprävention)*.

Mediation (lat. *medius,* mittig) als oft genannter Arbeitsansatz wird nachfolgend näher beschrieben und ist hierzulande geregelt im Mediationsgesetz; eine ergänzende Verordnung über die Aus- und Fortbildung regelt die (nicht verpflichtende) Zertifizierung. Es gibt keinen einheitlichen Berufsverband, also auch keine verbindliche Berufs- oder Verfahrensordnung. Das *Phasenmodell* der Mediation bietet einen guten allgemeinen Rahmen für Verhandlungen in Streitsachen, der auch in Schlichtungsverfahren dienlich ist oder von Güterichtern bei Gericht genutzt wird:

Vorbereitung/Fallentwicklung
Vorgespräche mit den Streitbeteiligten und gegebenenfalls Dritten, Besichtigung der Baustelle, Erörterung des Verfahrensrahmens hinsichtlich der gegenseitigen Forderungen aller Streitbeteiligten.

Einleitung/Einführung
Vereinbarung über das Verfahren und die Streitgegenstände, Feststellung des Teilnehmerkreises, Regelungen zur Vertraulichkeit.

Darstellung/Erläuterung
Benennung und Begründung aller jeweils wesentlichen Streitfragen, Sachverhalte, Ansprüche durch die Streitbeteiligten.

Klärung/Vermittlung
Austausch über Ziele, Absichten, Bedürfnisse aller Beteiligten, Verdeutlichung von Vorgeschichte und Rahmenbedingungen, Erarbeiten von Lösungsansätzen.

Lösung/Entscheidung
Abwägung und Auswahl von Ansätzen, gegebenenfalls auch für Teilgegenstände des Streitfalls.

Einigung/Vereinbarung
Fassung in Schriftform, Rechtsberatung und Prüfung seitens aller Beteiligter, Regelungen zur Rechtskraft, Abschluss.

Nachsorge
Bedarf an Nachverhandlungen, Vereinbarung von Fristen, Fortgang des Bauvorhabens?

Dazu gibt es zahlreiche Abhandlungen (Bischop, 2016; Dulabaum, 2009; Duss-von Werdt, 2011, 2015, Falk et al., 2005; Freitag & Richter, 2015; Friedman & Himmelstein, 2013; Haynes et al., 2006; Hösl, 2002; Kreuser et al., 2012; Lindemann & Meyer, 2018; Montada & Kals, 2007; Rabe & Wode, 2020; Rosner & Winheller, 2012; v. Schlieffen, 2006; Trenczek et al., 2017). Der Ansatz beruht zunächst auf einigen *Grundannahmen*. Dies sind keine wissenschaftlichen Erkenntnisse, sondern hilfreiche Glaubenssätze:

* Beteiligte können ihren Streitfall – mit etwas „Hilfe zur Selbsthilfe" – besser lösen als damit beauftragte Dritte (wie Gerichte) oder „der Staat" (also Fachbehörden), weil sie den Streit am besten kennen.
* Jedes Verhalten hat Gründe und erfüllt Zwecke, auch im Streitfall. Jeder Streitfall hat eine Vorgeschichte, die nicht allen Beteiligten gleichermaßen bewusst und bekannt ist. Daher ist es sinnvoll, alle Absichten, Umstände und Bedürfnisse zu erörtern: Ein Gleichstand des Wissens über den Streitfall wird gebraucht, um eine Lösung zu finden.
* Streitfälle sollen möglichst schnell und niederschwellig bearbeitet werden – dies macht eine einvernehmliche Beilegung wahrscheinlich. Die Beteiligten dürfen aber nicht zum Vermittlungsversuch oder einer bestimmten Einigung gezwungen werden.

- Die Streitbeilegung soll eher auf Zukunft und Gemeinsamkeiten der Beteiligten ausgerichtet sein statt auf Vergangenheit und Unterschiede.
- Die Aufarbeitung eines Streitfalls hilft nicht nur im Einzelfall, sondern schafft neue Handlungsmöglichkeiten für das weitere Leben der Beteiligten und befriedet auch das Umfeld des Streits.

Ferner beruht Mediation auf einigen *Grundsätzen;* können Streitbeteiligte diesen nicht zustimmen, ist die Streitbeilegung zumindest durch Mediation nicht möglich (Kraus, 2019):

- *Eigenverantwortlichkeit.* Medianden und Mediator handeln in eigener Sache und auf eigene Verantwortung (§ 1 (1) MediationsG).
- *Freiwilligkeit.* Die Genannten nehmen freiwillig an der Mediation teil; sie können die Gespräche jederzeit beenden (*Autonomiekriterium,* §§ 1 (1), 2 (5) MediationsG).
- *Vertraulichkeit/Geheimnisschutz.* Zu Beginn ist die Vertraulichkeit der zu besprechenden Angelegenheiten und der zu erzielenden Ergebnisse zu vereinbaren (§ 4 MediationsG). Es müssen wie erwähnt klare Regelungen über den Umgang mit Betriebsgeheimnissen, den Umgang mit Unterlagen oder die Fertigung von Mitschriften/Mitschnitten vereinbart werden; in umfangreichen Verhandlungen ist es nicht auszuschließen, dass Einzelne absprache- und rechtswidrig Gespräche aufzeichnen.
- *Ergebnisoffenheit.* Es gibt weder Garantien für einen Erfolg, noch dürfen Ergebnisse vorgegeben werden, weder von Beteiligten noch von Dritten.
- *Allzuständigkeit.* Der Mediator dient allen Medianden gleichermaßen; er bevorzugt oder benachteiligt niemanden, ist von keinem der Medianden abhängig und lediglich zur sachgerechten und umsichtigen Anleitung der Gespräche verpflichtet (*Neutralitätskriterium,* §§ 2 (3), 3 (1–3) MediationsG).
- *Rechtsordnung.* Mediation geschieht im Rahmen des geltenden Rechts und soll zu einer rechtlich einwandfreien Vereinbarung führen; ein Rechtsverlust muss ausgeschlossen sein *(Legalitätskriterium).* Nach einem Scheitern müssen Rechtsmittel möglich bleiben. Insbesondere die Vollstreckbarkeit von Vereinbarungen, die Verjährung von Forderungen oder Folgen von Verstößen gegen die Vertraulichkeit sind zu regeln. Den Medianden ist Rechtsberatung nahezulegen (§ 2 (6) MediationsG).
- *Beteiligung.* An der Mediation nehmen der Mediator und die Medianden teil, in Gruppen snd Vertretungsberechtigte zu bestimmen; Dritte – insbesondere Rechtsbeistände, Sprachmittler, Sachverständige – nehmen nur teil,

wenn darüber Einvernehmen zwischen den Erstgenannten besteht (§ 2 (4) MediationsG).

- *Vergütung und Zeitrahmen.* Der Mediator vereinbart mit den Medianden (m/w/d) vor Beginn der Mediation die Vergütung sowie örtliche und zeitliche Rahmenbedingungen; Vergütung nach Erfolg ist ausgeschlossen.
- *Verhandlungsort.* Mediation soll nicht am Ort des Streitfalls stattfinden; eine Begehung des Ortes (Baustelle) kann bei Bedarf erfolgen.
- *Fachlichkeit.* Der Mediator hat gewissenhaft und gründlich den Streitfall zu prüfen, um über den Beginn eines Vermittlungsversuchs zu entscheiden, und soll er sich im Verfahren lediglich von fachlichen, inhaltlichen und rechtlichen Erwägungen leiten lassen.

Solche Vermittlungsversuche geschehen, anders als in der Gerichtsbarkeit, nicht öffentlich; dies dient der Vertraulichkeit, aber nicht der Rechtsentwicklung: Die Lösung der Streitfälle hat keine Breitenwirkung auf ähnliche Fälle an anderen Orten. Ob ein Vermittlungsversuch kostengünstiger ist als der übliche Rechtsweg, ist im Einzelfall abzuschätzen. Nun sind seit Jahren – nicht nur in Ballungsräumen – Kostenüberschreitungen von einem Drittel bei Bauvorhaben nicht selten; jede Verzögerung am Bau führt zwangsläufig zu Mehr- und Folgekosten:

- Belastung durch Zins und Tilgung laufender sowie Bereitstellungskosten beantragter Kredite,
- Abzug anderweitig benötigter Arbeitskräfte von der Baustelle mit der Folge von Nachverhandlungen und Plananpassungen,
- Sicherung von Rohbau und Baustelle bis zur Fortführung der Arbeiten mit Mehraufwand für Gerüste und andere gemietete Einrichtungen,
- Schadensbehebung nach Wiederaufnahme der Arbeiten,
- Preissteigerungen bei Baustoffen in der Zwischenzeit mit der Folge von Nachträgen,
- Vertragsstrafen,
- Fortzahlung von Löhnen, Versicherungsprämien, Entgelten für Leistungen Dritter,
- Arbeitsaufwand für Neuanträge bei Behörden nach Fristablauf, Krisensitzungen, Vorbereitung von Gerichtsverfahren, …,
- Mietausfall und sonstiger entgangener Gewinn bei Wohnungsunternehmen oder Mehrkosten für Unterbringung bei Eigenheimbau,
- Aufschläge für Übernahme und Einarbeitung durch einen neuen Bauträger nach Vertragskündigung.

Einzupreisen sind die zu erwartenden Kosten für Rechtsbeistand und Gerichtsverfahren – sowie im Vergleich dazu die Kosten eines Vermittlungsversuchs.
Landgerichte sind für Verfahren mit Streitwerten ab €5000 zuständig, es herrscht
Anwaltszwang. Das betrifft die meisten Baustreitsachen. Geringere Streitwerte werden ohne Anwaltszwang vor den Amtsgerichten verhandelt. Die Gerichtskosten sind
insbesondere dem Gerichtskostengesetz und der Kostenordnung zu entnehmen, die
Kosten für den Rechtsbeistand dem Rechtsanwaltsvergütungsgesetz. Soll ein größe-
res Bauvorhaben anwaltlich begleitet werden, sind Stundensätze für eine Tätigkeit
nach Bedarf üblich. Die Kosten für gerichtlich veranlasste Gutachtertätigkeiten können nicht so einfach veranschlagt werden, sie richten sich nach Aufwand und können
durchaus fünfstellig ausfallen.

Die Kosten von Vermittlungsversuchen sind, abhängig vom gewählten Verfahren oder der beauftragten Schlichtungsstelle, sehr unterschiedlich; Stunden- oder
Tagessätze sind üblich. Solche Zusatzkosten wiegen bei großen Bauvorhaben nicht
so schwer wie bei einem Eigenheim. Pauschale Empfehlungen sind hier aber sinn-
los, zumal auch die Erfolgsaussichten und Dauer eines Verfahrens mit Berufung
beim zuständigen Amts- oder Landgericht (Erfahrungswerte?) mitzudenken sind.
Der Anhang enthält mehrere Checklisten zur Anbahnung und Durchführung von
Vermittlungsversuchen, ferner Hinweise zum Finden von Vermittlern/Schlichtern.

Suche nach dem Wesentlichen 5

Welcher Verfahrensansatz auch gewählt wird – gelangen die Beteiligten nicht zum Kern ihres Streitfalls, zum „Eigentlichen", wird nichts gelöst. Das muss nicht immer verwickelt sein. Im Geschäftsleben geht es vorrangig um Bezifferbares: Geld gegen Lieferung oder Leistung, das lässt sich nachprüfen und verhandeln, gegebenenfalls nach fachlicher Begutachtung und rechtlicher Beratung. Das heißt nicht, dass Bedürfnisse und Befürchtungen, Verärgerungen und Enttäuschungen der Beteiligten übergangen werden; ganz im Gegenteil müssen sie im Vermittlungsversuch berücksichtigt werden. Doch geht es wie erwähnt vorrangig darum, weitere kostenträchtige Verzögerungen zu verhindern, und es geht um ein Ergebnis, das einmal gegenständlich und abrechenbar vorhanden sein soll. Wie mit Streitigkeiten in einem Bauvorhaben umgegangen wird, also welche der oben genannten zehn Handlungsmöglichkeiten sich im Einzelfall verwirklichen, ist abhängig von

- dem Umfang des Vorhabens (Kosten-/Zeitrahmen, Zahl der beteiligten Gewerke, Bedeutung im Siedlungsgebiet, …),
- der Vorgeschichte (Art der Verzögerungen, Dauer, Vorfälle, …),
- den Beteiligten (Erfahrung mit derartigen Bauvorhaben, Durchsetzungsfähigkeit, Leidensdruck, …),
- den Streitgegenständen (Gefährdung des gesamten Vorhabens oder Störungen in einzelnen Bauabschnitten?) sowie auch
- Einflüssen von außen, etwa Erwartungen von Anteilseignern und Banken oder Widerstand aus der Anwohnerschaft.

Wohnungs- und Bauunternehmen müssen zudem ihre Öffentlichkeitswirkung bedenken: Der Eindruck von Tatenlosigkeit oder Überforderung in der Presse ist nachteilig, die Zusammenarbeit zwischen Unternehmen in weiteren geplanten

M. H. Kraus, *Streitbeilegung in Bauvorhaben,* essentials,
https://doi.org/10.1007/978-3-658-35789-4_5

Vorhaben wird gefährdet, Mieter für einen Neubau müssen vertröstet werden. Bei Verzögerungen und Störungen am Bau geht es zunächst um Vorfälle und deren Ursachen:

- War der Kosten- und Zeitrahmen zu eng gesetzt?
- Wurden Klauseln der Bauträger- und Bauverträge fahrlässig missachtet oder fehlerhaft ausgelegt?
- Waren die Gewerke nicht ausreichend aufeinander abgestimmt, hat die Bauleitung versagt?
- Waren beeinträchtigende Wetterereignisse oder höhere Gewalt ursächlich (Hitzewelle, Hochwasser, Pandemie …)?
- War die Baustelle zeitweilig nicht zugängig (Versäumnisse des Bauherrn, Bauarbeiten im Umfeld, Waldbrand, Überschwemmung …)?
- Wurden auf der Baustelle Altlasten/Kampfmittel gefunden, gab es in Grundstücksnähe Erdbewegungen (Erdrutsch), muss die Baugründung wegen schwieriger Bodenverhältnisse nachgebessert werden?
- Waren wichtige Baustoffe und Bauteile nicht lieferbar, wurden sie mängelbehaftet geliefert oder haben sie sich zwischenzeitlich erheblich verteuert?
- Haben einzelne Gewerke mehr Aufträge angenommen, als sie nun abarbeiten können, oder sind sie nicht mehr in der Lage zu leisten (Insolvenz)? Gibt es für letzteren Fall eine Fertigstellungsbürgschaft?
- Wurden Abschläge und Nachträge verlangt, die nicht nachvollziehbar erschienen?
- Gab es Auflagen der Baubehörde, die nicht umsetzbar erschienen, wurden Rechtsmittel eingelegt?
- Wie kann eine Verweigerung der Bauabnahme vermieden werden (welche neuen Streit über der Vergütung erbrachter Leistungen und Lieferungen nach sich zieht)? Gibt es wesentliche Mängel, oder ist das Bauwerk zunächst zumindest teilweise nutzbar? Welche Nacharbeiten sind kurzfristig möglich und erforderlich?

Sind aber die Streitigkeiten nur Erscheinungsformen tieferer, andauernder Befindlichkeiten, muss mehr einbezogen werden. Neben fachlichen und wirtschaftlichen Gegebenheiten erscheinen bei einem gut verlaufenden Vermittlungsgespräch oft auch vielschichtige Hintergründe:

- Bauherren fürchten, den Kostenrahmen nicht halten zu können – was durchaus berechtigt sein kann angesichts der erheblichen Preissteigerungen bei Baustoffen oder Baustillstand aufgrund von Hitzewellen wie 2018 oder in der

Corona-Pandemie 2020/2021; sie fühlen sich mitunter nicht ernst genommen oder vom Bauträger und den Handwerksfirmen unter Druck gesetzt.

- Bauunternehmer leiden an Überforderung und Selbsttäuschung über die eigenen Möglichkeiten, verbunden mit der verzweifelten Hoffnung, ihre Vorhaben beenden zu können. Mitunter werden mehr Aufträge angenommen, als letztlich mit den verfügbaren Fachkräften erledigt werden können.
- Bauleitungen betreuen mehrere Vorhaben, „springen" mehrfach in der Woche und sind nur schlecht erreichbar; junge Leitungskräfte wissen nicht, wie sie ihre fehlende Erfahrung ausgleichen können, fühlen sich auf der Baustelle alleingelassen und fürchten um ihre Karriere.
- Architekten fühlen sich nicht wertgeschätzt und nehmen wahr, dass ihre Vorschläge „immer nur zusammengestrichen" werden.

Gekränkte Eitelkeit von Fachleuten, die sich bevormundet fühlen oder schon einmal traumatisch gescheitert sind, mag ebenso zur Sprache kommen wie das offenkundige (und gelegentlich nachvollziehbare) Bestreben eines Bauträgers, ein „lästiges" Vorhaben irgendwie schnell zu beenden, um sich einträglicheren Geschäften zu widmen. Handwerkerleistungen werden beanstandet, obwohl die vorliegenden Unterlagen und die letztliche Ausführung der Arbeiten keinen wesentlichen Widerspruch zeigen: Hat sich der Bauherr nicht klar geäußert, hat der Bauträger ohne Rücksprache entschieden? Gerade wenn Menschen "mit dem Rücken zur Wand" stehen, handeln sie nicht immer im Sinne ihrer Arbeitsaufträge.

Rufen größere Bauvorhaben in der Nachbarschaft Widerstand hervor, ist die Klärung menschlicher, gefühlsbedingter Beweggründe besonders wichtig. Vermittler können hier zunächst mit Leitfragen arbeiten (Kraus, 2019):

- Geht es darum, ob oder wie das Vorhaben durchgeführt – gegebenenfalls beendet – wird?
- Soll dabei Altes bewahrt und Neues verhindert oder Neues befördert und Altes überwunden werden?
- Sollen neue Lösungen gefunden oder soll zwischen vorhandenen/bekannten/bewährten Lösungen ausgewählt werden?

Das heißt auch, dass Bauherren und Bauträger sich bei längeren andauernden Schwierigkeiten befragen müssen, ob sie

- ihre Planung anpassen (inhaltlicher Verhandlungsspielraum),

- das Vorhaben verschieben und gegebenenfalls Widerstand aussitzen können (zeitlicher Verhandlungsspielraum) oder
- ihre Ansprüche hinreichend sicher vor Gericht geltend machen könnten (rechtlicher Verhandlungsspielraum).

Das führt beim Verhandeln in die Feinarbeit:

- Wer sind die eigentlichen Beteiligten, welche Verhandlungsspielräume haben sie? Handeln sie eher selbst- oder fremdbestimmt, gibt es Absichten oder andere Beteiligte im Hintergrund?
- Was sind die Streitgegenstände – jeweils nach dem Verständnis der einzelnen Beteiligten? Sind sie Platzhalter für grundlegende Bedürfnisse? Geht es noch um etwas Anderes?
- Werden vergleichbare Streitgegenstände behandelt (Geld gegen Leistung/Lieferung ist verhandelbar, Geld gegen Gefühl eher nicht)?
- Mit welchen Zielen und Begründungen werden die Streitgegenstände von den Beteiligten beansprucht?
- Welche Breitenwirkung hat der Streitfall bereits, welche Vorgeschichte gibt es? Welche Bedeutung für das Umfeld (Gemeinde, Stadtteil) hat der Fall?
- Haben alle Beteiligten Gründe, sich zu einigen, oder dient der Streitfall einer Selbstdarstellung (etwa in Wahlkampfzeiten)?
- Wer hat mehr zu gewinnen, wer hat mehr zu verlieren?
- Was haben die Beteiligten bereits, das ihnen zu einer Lösung verhelfen könnte, und was fehlt ihnen noch?
- Geht es um eine Lösung für einen kurzen Zeitraum (der eigentlichen Bautätigkeit) oder eine längere Zukunft (mit dem entstandenen Bauwerk)?
- Welche Erfahrungen haben die Beteiligten mit ähnlichen Fällen? Wo liegen ihre Hemmschwellen und Schmerzgrenzen?

Bei Streitfällen um größere Vorhaben ist es wichtig, gerade die Bedürfnisse und Befindlichkeiten der örtlichen Bevölkerung zu verstehen, die nicht zu den Beteiligten im engeren Sinn gehört. Hier gilt es, neben den Nachteilen (die meist zuerst bewusst sind und benannt werden) künftige Vorteile (die mitunter nicht ganz so deutlich sind) herauszuarbeiten:

- Wie ist die Bevölkerung zusammengesetzt, wie ist das Verhältnis zwischen „Alteingesessenen" und „Zugezogenen"? Wohnen Menschen in dieser Gegend überwiegend, weil sie es wollen oder weil sie es müssen?

- Erleben sie Veränderungen im Wohnumfeld als gut („... *jetzt tut sich wenigstens was"*) oder schlecht („... *es wird hier nur schlimmer/teurer"*)? Was wünschen sie sich, was befürchten sie?
- Was erleben die Menschen als liebenswerte Vorteile ihrer Gegend, als Heimat – und was fehlt ihnen, was brauchen sie?

Streitbelegung ist weder Seelsorge noch Psychotherapie, doch Einfühlungsvermögen ist mitunter gefragt, etwa wenn es um das „Eigentliche" geht. Sprechen die Beteiligten etwa über

- „die Gesellschaft"/„die Zeiten" oder doch eher ihr Wohnumfeld?
- die Vergangenheit (Vorgeschichte), die Gegenwart (Bedürfnisse und Befindlichkeiten) oder die Zukunft (Ideen und Wünsche)?
- eine Einigung, eine Entschuldigung oder eine Entschädigung?

Das entscheidet über die Wahl der Mittel und den Erfolg der Verhandlungen: Steht ein Bauwerk erst einmal, müssen sich alle für viele Jahre damit einrichten – die es nutzen und die daneben wohnen. Die anderen Fragen sollen beispielsweise ergründen, ob Streitgegenstände beziffer- oder teilbar sind, um einer Lösung wenigstens Stück für Stück nahe zu kommen, und auch, wie es um Machtverhältnisse und Gestaltungsfreiheit bestellt ist: Verhandlungen zwischen der Geschäftsleitung eines Bauunternehmens und seinen Beschäftigten geschehen eben nicht „unter Gleichen", zwischen einer Stadtverwaltung und einer Protestinitiative auch nicht; beides ist nie ausgewogen. Wer vermitteln will, muss versuchen auszugleichen – insbesondere durch die Verhandlungsführung als auch die dringende Empfehlung an die Streitbeteiligten, sich rechtlich begleiten zu lassen.

Mediation mag manchen Verantwortlichen nicht als erste Wahl erscheinen; sie ist ergebnisoffen, also nicht immer berechenbar. Bauherren sind zumeist durch das Eigentums- und Baurecht abgesichert, fühlen sich also zu Verhandlungen nicht zwingend veranlasst; Anteilseigner drängen auf die Umsetzung der Pläne. Mitunter wird daher eine Moderation (lat. *moderatio*, Lenkung, Mäßigung) gewählt; Beispiele sind *Open Space* oder *Zukunftswerkstatt*. Diese sind grundsätzlich ergebnisoffen, können aber über die Rahmenbedingungen auf bestimmte Ziele ausgerichtet werden, wie eben die Umsetzung des Vorhabens. Das wiederum verstärkt möglicherweise Widerstand aus Gruppen der Bevölkerung, die sich vor vollendete Tatsachen gestellt und vorgeführt fühlen – wenn etwa auf den Veranstaltungen schön gestaltete Modelle und Pläne gezeigt werden, die wirken, als wäre schon alles beschlossen (was seitens der Bauherren, Bauträger oder Gemeindeverwaltungen oft zutrifft).

Einigungen und Vereinbarungen 6

Eine Einigung ist entweder ein *Konsens* (lat. *consensus,* Übereinstimmung, Zustimmung) oder ein *Kompromiss* (lat. *compromissum,* Versprechen zur Unterordnung oder Befolgung etwa eines Schiedsspruchs). Letzterer beinhaltet zumeist einen teilweisen gegenseitigen Verzicht auf ursprünglich Gefordertes, wie im Vergleich üblich. Im Fall einer Streitbeilegung kann die abschließende Vereinbarung der Beteiligten eine Anpassung bereits bestehender Verträge regeln; sie kann darüber hinaus weitere Ziele benennen – möglichst sprachlich knapp und klar gefasst, die notwendigen Handlungen aller Beteiligten betreffend und mit klaren Angaben zu Kosten, Zeit und Ort. Bei der Beilegung von Baustreitsachen ist es besonders wichtig, dass der Entwurf fachlich und rechtlich geprüft wird. Eine Vereinbarung, die kurze Zeit später nachverhandelt werden muss, weil sie missverständlich, lückenhaft oder gar rechtswidrig ist, ist nicht nur ärgerlich, sondern zusätzlich kostspielig. Sinnvolle Leitfragen sind:

- Woran kann das Erreichen der Ziele – der Erfolg – bemessen werden (Kennzahlen)?
- Kann das Ziel von den Betroffenen tatsächlich im gemeinsamen Wirken erreicht werden?
- Welche Mittel stehen zur Verfügung, welche fehlen noch (Zeit-, Kosten-, Rechtsrahmen)?

Im Einzelnen können neben Anpassungen von Teilen der Bauträger- und Bauverträge beliebige weitere Regelungen verschriftlicht werden, betreffend etwa

- Nachverhandlungen mit Banken, Behörden, Lieferanten,
- Fristen/Puffer für einzelne Gewerke, Abstimmungen zur weiteren Zusammenarbeit,

© Der/die Autor(en), exklusiv lizenziert durch Springer Fachmedien Wiesbaden GmbH, ein Teil von Springer Nature 2021
M. H. Kraus, *Streitbeilegung in Bauvorhaben, essentials,*
https://doi.org/10.1007/978-3-658-35789-4_6

- Vertragsstrafen und Zahlungsaufschübe, Aufschläge und Nachträge,
- Erstellung von Mängelrügen und Behinderungsanzeigen, Nachweis von Leistungsverzögerungen,
- Sicherung von Zufahrt, Wasser- und Stromversorgung der Baustelle,
- Behebung von Schäden, Entsorgung von Altlasten,
- Übernahme von Mehrkosten,
- Überstunden und Mehreinsatz von Beschäftigten,
- Gleitklauseln für Preissteigerungen nach erfolgter Beauftragung,
- Beauftragung weiterer Unternehmen mit Einzelleistungen/-lieferungen.

Derartige Regelungen betreffen die eigentliche Bautätigkeit, die einzelne Baustelle; dabei handelt es sich um Sachverhalten, die in der Nachbarschaft nicht zwingend bemerkt werden. Hingegen ist bei der Vermittlung in großen, im Umfeld umstrittenen Vorhaben ein umfassenderes Vorgehen angezeigt:

Vorbereitung
Die Öffentlichkeitswirkung des Vorhabens muss frühzeitig abgeschätzt werden; dabei sind die Zusammensetzung der örtlichen Anwohnerschaft und die Vorgeschichte des Ortes zu berücksichtigen: Was befand sich früher an diesem Ort, wie wurde er genutzt, welche Bedeutung hatte er für die Menschen? Gab es hier bereits früher Streit um geplante Bebauungen, und warum?
Gegebenenfalls ist es sinnvoll, über die baurechtlichen Erfordernisse hinaus insbesondere Verschattungs- oder Lärmgutachten fertigen zu lassen, um schnell auf Befürchtungen und Vorwürfe eingehen zu können.

Begleitung
Bauherr und Bauträger sollten sich von Anbeginn bereit erklären, über die baurechtlich vorgeschriebenen Maßnahmen hinaus mit kommunalen Gremien zusammenzuarbeiten, ebenso mit Fachbehörden, um Frontenbildungen zu erschweren. Zudem ist zu prüfen, ob nicht das gesamte Bauvorhaben streitvorbeugend durch fachlich geeignete Dritte begleitet werden sollte.
Öffentliche Veranstaltungen, Gestaltungswettbewerbe (für Gemeinschaftsflächen oder Parkanlagen) dienen dazu, örtliche Bevölkerungsgruppen anzuregen, die zu erwartenden Vor- und Nachteile fundiert abzuwägen. Gleichzeitig wird eventuellen Vorwürfen vorgebeugt, man würde etwas verschweigen.

Rahmenbedingungen
Vermittlungsversuche dürfen bei Streitbeteiligten nicht als Pflichtübung erscheinen, sondern als Möglichkeit, etwas zum Guten zu wenden. Der genutzte Verhandlungsort sollte „neutral" und für fachliche Gespräche geeignet sein, auch über längere Zeiträume. Eine ausgewogene Sitzordnung ermöglicht, dass alle Beteiligten sich jederzeit gegenseitig sehen und hören können. Rechtsbeistände oder Sprachmittler nehmen bei Bedarf teil (und sind ebenso auf Vertraulichkeit zu verpflichten).

Verhandlungsmasse
Kann das Vorhaben bei aufkommenden Schwierigkeiten auch teilweise – in Bauabschnitten – umgesetzt, kann der Zeitrahmen gestreckt werden *(Szenario-Technik)?* Dies würde ermöglichen, kleinere Planänderungen als Verhandlungsmasse einzusetzen. Bauherren und Bauträger können Angebote zum Ausgleich von Flächenversiegelungen auch über die baurechtlichen Vorgaben hinaus machen – etwa zur Gestaltung von Grünflächen, Schulhöfen, Sportanlagen im Umfeld oder zur Beteiligung an Erschließungsmaßnahmen im betreffenden Wohn- oder Gewerbegebiet. Sind bei der Errichtung von Gewerbebauten und Verkehrstrassen ohnehin bauliche Sicherheitsmaßnahmen erforderlich (Lärmschutzfenster, Schallschutzwände), kann durch gemeinsame Auswahl vielleicht eine für die örtliche Bevölkerung annehmbare Lösung gefunden werden.

Bestandspflege
Handelt es sich um ein Bauvorhaben eines Wohnungsunternehmens mit Beständen im Umfeld, können großzügige, pauschale Mietminderungen für Belastungen durch Baumaßnahmen, Hilfen bei der Suche nach Ersatzwohnungen oder die Gewährung von Umzugshilfen erwogen werden.

Dies sind nur Beispiele, die je nach den Bedingungen im Einzelfall angepasst oder erweitert werden können. Auch dabei helfen einige Leitfragen, ob es sich nun um die Bearbeitung „kleinerer" oder „größerer" Streitsachen handelt:

* Was geschieht, wenn wir die Lösung umsetzen?
* Was geschieht *nicht*, wenn wir die Lösung umsetzen?
* Was geschieht, wenn wir die Lösung *nicht* umsetzen?
* Was geschieht *nicht*, wenn wir die Lösung *nicht* umsetzen?

Haben Streitbeteiligte den Eindruck, es wäre nur zwischen „Pest und Cholera" zu wählen, also ähnlich nachteiligen Ansätzen, hilft das Ausschlussverfahren – jedoch nur, wenn alle Beteiligten den Ernst der Lage erfassen. Die am wenigsten beliebten, am wenigsten machbar erscheinenden Vorschläge werden zuerst ausgesondert:

- Was wollen wir nicht? Was können wir nicht? Was dürfen wir nicht?
- Was ist zu teuer, zu aufwendig, zu gefährlich, zu langwierig?
- Was wirkt nach außen zögerlich, oberflächlich oder beschwichtigend?

Auf diese Weise bleibt nicht nur eine übersichtliche Grundmenge für eine Entscheidung übrig, sondern es offenbaren sich auch „Denkverbote", die es zu hinterfragen gilt. Gerade bei umfangreichen Bauvorhaben gibt es zahlreiche Dinge, die misslingen können; hier hilft die *Szenario-Technik:* Alle Beteiligten versuchen den günstigsten und den schlechtesten Ablauf mit Daten und Fakten zu hinterlegen *(Best Case/Worst Case);* dabei prüfen die Beteiligten, ob sie von anderswo gute Erfahrungen mit der Bewältigung ähnlicher Fälle haben *(Best Practice).*

Waren die Bemühungen erfolgreich, geht es an die schriftliche und letztlich rechtsverbindliche Fassung. Eine Abschlussvereinbarung soll nicht in Eile geschlossen werden (denn der Teufel steckt im Detail) und umfasst insbesondere

- Beteiligte und gegebenenfalls Dritte (Rechtsbeistände, Sachverständige),
- Ort und Zeit der Verhandlungen,
- Streitfall (Streitgegenstand, Streitwert, Forderungen),
- Rechtsrahmen/Rechtsgrundlagen,
- Ergebnisse, auch bei Einigung über (Teil-)Gegenstände,
- Aufgabenteilung mit Zeitrahmen und Zielvereinbarungen (wer – wann – was – wie – wo),
- Regelungen zu den Kosten der Vermittlung, der Vertraulichkeit (Geheimnisschutz), Rechtsschutz und Folgen von Verstößen gegen die Vereinbarung, Verfahrensweise bei erforderlichen Nachverhandlungen,
- Verzeichnis mitgeltender Unterlagen (Bau-/Bauträger-/Kauf-/Arbeits-/Mietverträge, Ausschreibungen, Bauplanunterlagen, Baugenehmigungen, AGB, Protokolle und weiteres),
- Vermerk zum Abschluss als Anwaltsvergleich oder zur notariellen Beurkundung,
- Unterschriften der Beteiligten.

Bei größeren Bauvorhaben kann es angemessen sein, die Unterzeichnung – nach angemessener Bedenkzeit und rechtlicher Prüfung – bei einem Arbeitsessen, einer Begehung der Örtlichkeiten oder zu Beginn eines neuen Bauabschnitts vorzunehmen. Die örtliche Presse kann einbezogen werden, zumindest ist eine Pressemitteilung sinnvoll.

In Deutschland wie in fast ganz Europa wandeln sich die Städte; dies wird sich in den kommenden Jahren fortsetzen. Es verändern sich die Bevölkerungen und das Wirtschaftsleben, damit auch Lebensentwürfe und Fortschrittsbegriffe. Städtische Siedlungsräume werden dichter und vernetzter, wenngleich hierzulande bereits über die Wiederbelebung ausgedünnter ländlicher Räume nachgedacht wird – Zuwanderung und „Stadtflucht" verlangen nach schöpferischen Lösungen. Das nach neueren Berechnungen noch bis etwa 2050 anhaltende Wachstum der Weltbevölkerung und der Klimawandel sind auch weltweiten die wesentlichen Rahmenbedingungen für Städtewachstum und Wanderungsbewegungen. In seinem umstrittenen Werk „Der Untergang des Abendlandes" hatte Oswald Spengler vor etwa 100 Jahren zumindest die Entwicklung der modernen Städte richtig eingeschätzt:

„Ich sehe – lange nach 2000 – Stadtanlagen für 10 bis 20 Mio. Menschen, die sich über weite Landschaften verteilen, mit Bauten, gegen welche die größten der Gegenwart zwergenhaft wirken, und mit Verkehrsgedanken, die uns heute als Wahnsinn erscheinen würden."

Die Bau-, Grundstücks- und Wohnungswirtschaft ist immer und überall beteiligt an der Entwicklung von Siedlungsräumen. Das ist nicht neu. Doch kann zukunftsfähige Stadt- und Raumentwicklung nur in einer lebendigen Balance von Staat, Wirtschaft und Bevölkerung gelingen, mit einer Rechtsordnung, die auch bei schwierigen Entwicklung Sicherheit gibt. Benötigt wird ein ganzheitliches Denken, was das zukünftige Wohnen angeht. Unterschiede zwischen „Stadt" und „Land" dürfen nicht zu Entwicklungshindernissen für ganze Gebiete oder Bevölkerungsgruppen werden.

© Der/die Autor(en), exklusiv lizenziert durch Springer Fachmedien
Wiesbaden GmbH, ein Teil von Springer Nature 2021
M. H. Kraus, *Streitbeilegung in Bauvorhaben,* essentials,
https://doi.org/10.1007/978-3-658-35789-4_7

Stadtplanung ist und bleibt ein Spannungsfeld, Bedarfsplanung ist heikel: Im lebhaften Wettbewerb der Städte und Gemeinden wurde mancherorts offenkundig in der Hoffnung auf Zuzug am Bedarf vorbei gebaut (Henger & Voigtländer, 2019). In den Klein- und Mittelstädten der Flächenländer gibt es nun mehr freien Wohnraum, als in den Großstädten und Ballungsräumen nachgefragt wird. Und auch dort sind Leerstand und Fehlbelegung oft nur lückenhaft erfasst. Nachverdichtung in einigen Gebieten bei gleichzeitigem öffentlich gefördertem Rückbau in anderen Gebieten ist kein nachhaltiger Ansatz. Bürgermeister und Stadtverwaltungen erhoffen sich durch Bautätigkeit zumeist

- ein Wachstum der Bevölkerung und die Ansiedlung von Unternehmen,
- mehr Steueraufkommen und Kaufkraft, auch Fördermittel und höhere Mittelzuweisungen von Bund und Land,
- eine Belebung der Innenstädte und eine „Stadt der kurzen Wege",
- die Erhaltung stadtgeschichtlich wertvoller Bauten oder
- die Beseitigung städtebaulicher Fehlleistungen der letzten Jahrzehnte (Kraus, 2019).

Zu berücksichtigen sind dabei jedoch die nicht absehbare Zuwanderung der kommenden Jahrzehnte, die Ausbreitung von Niedriglohnbeschäftigung mit entsprechenden Folgen für die Altersvorsorge, die angespannte Haushaltslage von Bund, Ländern, Städten und Gemeinden sowie die Notwendigkeit, sich in Sachen Energieversorgung, Sanierungsstandards oder Verkehrsplanung teils völlig neu aufzustellen. Dazu kommen im Einzelfall die derzeitige preistreibende Knappheit von Baustoffen am Weltmarkt, eine zunehmende verwaltungs- und baurechtliche Regelungsdichte sowie eine Spaltung der Bevölkerung, die das Miteinander in Siedlungsräumen nicht einfacher macht. Wer die Stimmungen in der Gesellschaft aufzunehmen versucht, nahm auch vor der Corona-Pandemie schon häufig Enttäuschung, Entfremdung und Erschöpfung wahr: Hinter Streitfällen um einzelne Bauvorhaben und Flächennutzungen erscheinen sehr oft grundlegende Sozialkonflikte der Gesellschaft – die nicht verschwinden, auch wenn der einzelne Streitfall beigelegt wurde.
   Eine in jeder Hinsicht vielfältige Gesellschaft erzeugt vielfältige Bedürfnisse. Ein letzter Blick in das Baugesetzbuch zeigt die – kaum reibungsarm zu vereinbarenden – Herausforderungen, die gerade große Bauvorhaben weiterhin streitträchtig bleiben lässt:
   „Bei der Aufstellung der Bauleitpläne sind insbesondere zu berücksichtigen:

die allgemeinen Anforderungen an gesunde Wohn- und Arbeitsverhältnisse und die Sicherheit der Wohn- und Arbeitsbevölkerung,

die Wohnbedürfnisse der Bevölkerung, insbesondere auch von Familien mit mehreren Kindern, ... die Eigentumsbildung weiter Kreise der Bevölkerung und die Anforderungen kostensparenden Bauens sowie die Bevölkerungsentwicklung,

... die Bedürfnisse der Familien, der jungen, alten und behinderten Menschen, unterschiedliche Auswirkungen auf Frauen und Männer sowie die Belange des Bildungswesens und von Sport, Freizeit und Erholung,

die Erhaltung, Erneuerung, Fortentwicklung, Anpassung und der Umbau vorhandener Ortsteile ...,

die Belange der Baukultur, des Denkmalschutzes und der Denkmalpflege, die erhaltenswerten Ortsteile, Straßen und Plätze von geschichtlicher, künstlerischer oder städtebaulicher Bedeutung und die Gestaltung des Orts- und Landschaftsbildes, ...

die ... Erfordernisse für Gottesdienst und Seelsorge,

die Belange des Umweltschutzes, einschließlich des Naturschutzes und der Landschaftspflege, ...

die Belange a) der Wirtschaft, ... b) der Land- und Forstwirtschaft, c) der Erhaltung, Sicherung und Schaffung von Arbeitsplätzen, ... e) der Versorgung, ..., f) der Sicherung von Rohstoffvorkommen, ...

die Belange des Küsten- oder Hochwasserschutzes und der Hochwasservorsorge, insbesondere die Vermeidung und Verringerung von Hochwasserschäden, ...,

die ausreichende Versorgung mit Grün- und Freiflächen" (§ 1 (6) BauGB).

Damit soll nicht bestritten werden, dass im Einzelfall in guter Absicht gehandelt wird. Doch Planung geht aus von einer Gegenwart und wirkt in eine Zukunft, die in einer verdichteten und vernetzten Weltgesellschaft nur bedingt voraussagbar ist. Mittelfristig gelungene Planung erweist sich langfristig als verfehlt, wenn die Gesellschaft sich wandelt. Planen ist immer ein Wetten. Zudem müssen Unternehmen Marktanteile und Umsätze vergrößern; Erwartungen von Anteilseignern sind zu erfüllen. Insbesondere ist nicht absehbar, welche rechtlichen Neuerungen die beginnende Legislaturperiode für die Immobilienbranche bringen wird – mit Änderungen bei der Grund- und Grunderwerbssteuer ist zu rechnen, im Mietrecht, beim baulichen Klimaschutz einschließlich Photovoltaik und Sanierungsstandards. „Billiges" Bauen wird weiterhin nicht möglich sein. An Streitgegenständen wird es also nicht mangeln, auch nicht an gegenseitigen Vorwürfen, lediglich *Partikularinteressen* zu vertreten. Das mag im Einzelfall sogar zutreffen – doch gilt es nicht nur für Anwohner, die sich gegen eine Nachverdichtung wehren: Auch die Aufwertung eines Wohngebiets, die Errichtung einer

Wohnanlage, eine Gewerbeansiedlung sind nicht selten Erscheinungsformen ört-
licher Klientelpolitik. Wenn alle Beteiligten aus ihrem Streitfall letztlich lernen,
ist dem Siedlungsraum insgesamt gedient. Eine moderne Gesellschaft entwickelt
sich auch über Partikularinteressen, für die jeweils geworben werden muss, damit
sie mehrheits- oder wenigstens duldungsfähig wird.

Einvernehmliche Streitbeilegung hat ihren Platz in der deutschen Rechtsordnung. Sie bringt im Einzelfall jedoch keine „Garantien" insbesondere dafür, dass
alle Beteiligten jeweils bekommen, was sie wollen. Und sie kann und soll

- keine grundsätzlichen gesellschaftlichen Fehlentwicklungen beheben,
- im Einzelfall zwar Betroffenen helfen, mit einer für sie schwierigen Rechtslage
  umzugehen, jedoch diese nicht ändern,
- keine rechtswidrigen Vereinbarungen befördern,
- Menschen nicht zu einem Lebenssinn verhelfen (sie ist weder Seelsorge noch
  Psychotherapie) und
- nicht ihre Grenzen überschreiten: Es gibt zahlreiche Ausschlussgründe und
  Erschwernisse (s. Anhang).

Jeder Streitfall ist etwas Besonderes, auch wenn er einem Rechtsgebiet oder Wirt-
schaftszweig zugeordnet oder nach Umfang und Streitwert mit anderen verglichen
werden kann. Während die öffentliche Rechtspflege sich jedem Fall widmen
muss, der ihr vorgetragen wird, ist in der außer- und vorgerichtlichen Streitbeilegung zunächst zu prüfen, ob Vermittlungsversuche sinnvoll sind. Unternehmen
der Bauwirtschaft können aus Ansätzen der Streitbeilegung nicht nur wie geschil-
dert einen Nutzen durch Einsparung von Zeit und Kosten im einzelnen Streitfall
ziehen. Darüber hinaus ist eine Früherkennung von Schwierigkeiten und eine
Frühwarnung für alle Beteiligten in kleineren wie größeren Bauvorhaben sinnvoll;
damit wird zudem der zunehmend gesetzlich geforderten Vorsorge für Stör- und
Notfälle genügt (Stichworte *Risk Management, Compliance*). Erste Maßnahmen
können sein,

- in Bauvorhaben stets die Aufnahme und Bearbeitung von Beschwerden,
  Beanstandungen, Mängelrügen und Behinderungsanzeigen an einem Punkt
  zusammenlaufen zu lassen, sodass der Bauträger in Gestalt der Bauleitung
  die Behebung nachvollziehen und mit dem Bauherrn auswerten kann,
- mit rechtlicher Beratung vorab einen Ablaufplan für die Bearbeitung auftre-
  tender Streitsachen aufzustellen, wobei bisherige Erfahrungen ausgewertet und
  gegebenenfalls Schlichtungsstellen ausgewählt werden, sowie

- in künftigen Bauträger- und Bauverträgen grundsätzlich die Geltung einer Schlichtungs- oder Schiedsordnung zu vereinbaren.

Eine letzte Anmerkung betrifft die zumeist nicht-öffentliche Durchführung der Streitbeilegung: Gerade in den nach der anfangs zitierten Justizstatistik nicht seltenen Baustreitsachen wäre es für Betroffene und Beteiligte hilfreich, anhand veröffentlichter Erfahrungen die Chancen und Risiken einer gerichtlichen und einer außergerichtlichen Beilegung gegeneinander abwägen zu können. Auch die immer wieder geführten Debatten um neue gesetzliche Regelungen einschließlich einer Schlichtungspflicht in bestimmten Rechtsgebieten könnten dann fundierter geschehen. Und letztlich würde die Öffentlichkeit mehr über Streitbeilegung erfahren. Doch Berichte über die Beilegung von Baustreitsachen in der mittelständischen Wirtschaft gibt es nur in Form gelegentlicher Beiträge auf Tagungen und in Fachzeitschriften oder von Selbstdarstellungen einzelner Anbieter im Netz. Die teils schwierige Suche nach dem richtigen Anbieter tut ein Übriges. Insofern besteht hier noch Forschungs- und Entwicklungsbedarf – doch die in den letzten Jahren beschrittenen Wege sind die richtigen.

Anhang

Checkliste 1: Beauftragung von Vermittlern/Schlichtern

- Haben die Betreffenden einen beruflichen Hintergrund im Bauwesen, der Stadtplanung, dem Baurecht oder verwandten Fachgebieten?
- Kennen sie die örtliche Bau-, Wohnungs- und Grundstückswirtschaft?
- Haben sie Erfahrung in der Beilegung von Baustreitigkeiten oder als Baugutachter?
- Welche Empfehlungen können sie vorweisen?
- Haben sie vertragliche Verbindungen zu Unternehmen der Bau-, Wohnungs- und Grundstückswirtschaft oder halten sie Anteile an solchen?
- Geht es um die Streitbeilegung in einem Einzelfall, oder soll ein umfangreiches Vorhaben bis zur Fertigstellung begleitet werden?
- Welcher Arbeitsansatz soll für die Vermittlung dienen (Vermittlung, Schlichtung, Schiedsverfahren, …)?
- Welche Kosten entstehen, gibt es eine Verfahrensordnung?
- Welche Regeln für die Vertraulichkeit, den Schutz betrieblicher Geheimnisse, den Zeitrahmen oder die Vollstreckbarkeit sind mindestens zu vereinbaren?
- Welche Verhandlungsspielräume können den Betreffenden eingeräumt werden, welche unternehmerischen Sachverhalte können gegebenenfalls offenbart werden?

© Der/die Herausgeber bzw. der/die Autor(en), exklusiv lizenziert durch 43
Springer Fachmedien Wiesbaden GmbH, ein Teil von Springer Nature 2021
M. H. Kraus, *Streitbeilegung in Bauvorhaben,* essentials,
https://doi.org/10.1007/978-3-658-35789-4

Checkliste 2: Ausschlussgründe für Mediation

Eine einvernehmliche Belegung durch Mediation ist ausgeschlossen, wenn auch nur eine einzige Frage zustimmend beantwortet wird:

- Bestehen oder bestanden zwischen dem Vermittler und einzelnen Streitbeteiligten geschäftliche, verwandtschaftliche, freundschaftliche Beziehungen oder auch (arbeits-)rechtliche Über- und Unterstellungsverhältnisse?
- Muss die Streitsache zwingend rechtlich entschieden werden, insbesondere aufgrund von Bundesgesetzen (Strafrecht)?
- Haben Streitbeteiligte durch Handeln oder Unterlassen im Streitfall offenkundig gegen das Strafrecht verstoßen, soll der Vermittlungsversuch rechtswidrigen Zwecken dienen oder kann er für den Vermittler absehbar geschäftsschädigend wirken?
- Ist die Streitsache bereits gerichtsanhängig (Ausnahmen sind zwecks Streitbeilegung ruhende Verfahren sowie gerichtlich veranlasste Mediation)?
- Bieten Streitbeteiligte oder Dritte dem Vermittler Gegenleistungen für bestimmte Ergebnisse der Verhandlungen?
- Sind Streitbeteiligte, etwa aufgrund gesundheitlicher Einschränkungen, nicht fähig, eigenverantwortlich zu handeln?
- Wollen oder können Streitbeteiligte absehbar nicht oder nicht regelmäßig an den Verhandlungen teilnehmen?
- Lassen Streitbeteiligte erkennen, dass sie an Verhandlungen nur teilnehmen wollen, um sich Vorteile für ein späteres rechtliches Verfahren zu verschaffen?
- Ist es dem Vermittler fachlich und/oder zeitlich, aber auch aus Gewissensgründen nicht möglich, den Streitfall mit der nötigen Sorgfalt zu bearbeiten?
- Wird der Streitfall durch örtliche, zeitliche, wirtschaftliche, rechtliche, sachliche oder sonstige Bedingungen gefördert, auf die die Streitbeteiligten keinen wesentlichen Einfluss haben?

Checkliste 3: Erschwernisgründe für Mediation

Eine einvernehmliche Beilegung ist erschwert, aber nicht ausgeschlossen, wenn einzelne Fragen zustimmend beantwortet werden:

- Werden von Dritten im Umfeld – auch in guter Absicht – Lösungen vorgeschlagen, die den Bedürfnissen der Streitbeteiligten nicht entsprechen?

- Wird der Streitfall eher durch Glaubenssätze und Wertvorstellungen von Streitbeteiligten befördert als durch fachliche oder wirtschaftliche Sachverhalte?
- Ist das Vertrauen der Streitbeteiligten in den Vermittler oder das Verfahren anfänglich gering, vielleicht durch Zweifel beeinträchtigt?
- Nehmen Streitbeteiligte an den Verhandlungen aufgrund gerichtlicher Beauflagung, auf Weisung von Vorgesetzten oder sonstigen Dritten teil?
- Muss unter erheblichem Zeit- und Kostendruck verhandelt werden?
- Hat der Streitfall bereits öffentliche Aufmerksamkeit erregt?
- Sind die Streitbeteiligten Gruppen, deren Zusammensetzung sich während der Verhandlungen ändern kann, aus denen also Vertretungsberechtigte zu bestimmen sind?
- Werden Anzahl oder Umfang der Streitgegenstände absehbar während der Verhandlungen wachsen?
- Gibt es eine erschwerende Vorgeschichte des Streitfalls, etwa ähnliche Geschehnisse in früherer Zeit?
- Ist es dem Bauherrn/Bauträger grundsätzlich möglich, Widerstand gegen ihr Vorhaben auszusitzen oder sind Rechtsmittel zumindest kurzfristig aussichtsreich?

Checkliste 4. Anzeichen für das Scheitern der Verhandlungen

Vermittler und Schlichter müssen frühzeitig erkennen, ob hier jeweils ein verfestigtes Verhalten aufgrund versteckter Absichten vorliegt, und dies sowie mögliche Folgen ansprechen:

- Versuchen Streitbeteiligte immer wieder andere unter Zeitdruck zu setzen, ohne jedoch etwas zur Lösung beizusteuern?
- Vermeiden Streitbeteiligte mit immer wieder neuen Vorwänden, sich auf Lösungsansätze einzulassen?
- Versuchen Streitbeteiligte, mit der Androhung von Widerstand oder dem Abbau von Arbeitsplätzen Druck zu erzeugen, wobei sie von einer Folgerichtigkeit oder Berechtigung ausgehen?
- Gibt es im Umfeld Gerüchte über das Vorhaben, oder kursieren Unterlagen und Aufzeichnungen, die ursprünglich als vertraulich zu behandeln vereinbart wurde? Werden Drohungen aus dem Umfeld bekannt, gibt es Strafanzeigen?

- Erscheinen Beteiligte wiederholt nicht oder verspätet zu vereinbarten Gesprächen?
- Werden verbindlich vereinbarte Maßnahmen nicht umgesetzt, dabei aber keine triftige Gründe benannt?
- Hat ein für das Vorhaben wesentliches Unternehmen Insolvenz angemeldet und kann nicht durch ein anderes Unternehmen ersetzt werden? Ergeben Gespräche mit dem Insolvenzverwalter keine sinnvolle Lösung?
- Beharren Streitbeteiligte immer wieder auf den selben Vorwürfen oder Forderungen, ohne Fortschritte der Verhandlungen anzuerkennen oder zu fördern?
- Verstehen einzelne Streitbeteiligte auch sachliche Nachfragen oder Äußerungen als Angriffe (Unterstellungen, Beleidigungen, Vorannahmen, …), sodass der Eindruck entsteht, sie suchten nur nach Gelegenheiten zur Selbstdarstellung oder Störung des Vorhabens?
- Versuchen Streitbeteiligte, durch moralische oder weltanschauliche Erörterungen (Umweltschutz, Lebensentwürfe, Gerechtigkeitserwägungen, …) von ursprünglichen und eigentlichen Streitgegenständen abzulenken, etwa weil sie Sachlösungen tatsächlich ablehnen?

Was Sie aus diesem *essential* mitnehmen können

- ... einige *Handlungsmöglichkeiten für den Umgang mit Baustreitigkeiten.*
- ... einen *Überblick über Entwicklungen in der Streitbeilegung.*
- ... ein *Verständnis für die Vielfalt von Streitursachen.*

Literatur

Althoff, G. (Hrsg.). (2010). *Frieden stiften. Vermittlung und Konfliktlösung vom Mittelalter bis heute.* Wissenschaftliche Buchgesellschaft.

BBSR Bundesinstitut für Bau-, Stadt- und Raumforschung. (2018). *Erfolgsfaktoren für Wohnungsbauvorhaben im Rahmen der Innenentwicklung von dynamischen Städten.*

BMI Bundesministerum des Innern, für Bau und Heimat. (2021). *Vierter Bericht der Bundesregierung über die Wohnungs- und Immobilienwirtschaft in Deutschland und Wohngeld- und Mietenbericht 2020.*

Bischop, D. (2016). *Systemische Mediation.* Ludwig.

Destatis Statistisches Bundesamt. (2020). *Rechtspflege. Verwaltungsgerichte. Fachserie 10 Reihe 2.4.* Destatis Statistisches Bundesamt.

Destatis Statistisches Bundesamt. (2021a). *Produzierendes Gewerbe. Tätige Personen und Umsatz der Betriebe im Baugewerbe.* Fachreihe 4 Serie 5.1. Destatis Statistisches Bundesamt.

Destatis Statistisches Bundesamt. (2021b). *Bauen und Wohnen. Baugenehmigungen und Baufertigstellungen.* Destatis Statistisches Bundesamt.

Destatis Statistisches Bundesamt. (2021c). *Bautätigkeit und Wohnungen.* Fachserie 5 Reihe 1. Destatis Statistisches Bundesamt.

Destatis Statistisches Bundesamt. (2021d). *Rechtspflege. Zivilgerichte.* Fachserie 10 Reihe 2.1. Destatis Statistisches Bundesamt.

Dulabaum, N. (2009). *Mediation. Das ABC.* Beltz.

Duss-von Werdt, J. (2011). *Einführung in die Mediation.* Carl Auer.

Duss-von Werdt, J. (2015). *Homo Mediator. Geschichte und Menschenbilder der Mediation.* Schneider.

Eidenmüller, H., & Wagner, G. (Hrsg.). (2015). *Mediationsrecht.* Dr. Otto Schmidt.

Falk, G., et al. (Hrsg.). (2005). *Handbuch Mediation und Konfliktmanagement.* VS.

Freitag, S., & Richter, J. (2015). *Mediation – Das Praxisbuch.* Beltz.

Friedman, G., & Himmelstein, J. (2013). *Konflikte fordern uns heraus. Mediation als Brücke zur Verständigung.* Wolfgang Metzner.

Haft, F., & v. Schlieffen, K. (2015). *Handbuch Mediation.* Beck.

Häußermann, H., et al. (2008). *Stadtpolitik.* Suhrkamp.

Haynes, J. M., et al. (2006). *Mediation – Vom Konflikt zur Lösung.* Klett-Cotta.

Henger, R., & Voigtländer, M. (2019). *Ist der Wohnungsbau auf dem richtigen Weg? IW-Report 28*. Institut der Deutschen Wirtschaft.

Hösl, G. G. (2002). *Mediation – Die erfolgreiche Konfliktlösung: Grundlagen und praktische Anwendung*. Kösel.

Jung, M., & Renken, S. (Hrsg.). (2021). *Mediation am Bau – Wirkung und Methode. Konfliktmanagement für Praktiker*. Kohlhammer.

Korbion, C. J. (2019). *Baustreitfälle und Schlichtung nach BGB und VOB*. Haufe.

Kraus, M. H. (2019). *Streitbeilegung in der Wohnungswirtschaft*. Haufe.

Kreuser, K., et al. (Hrsg.). (2012). *Mediationskompetenz*. Waxmann.

Lindemann, H., & Meyer, C.-H. (2018). *Systemisch-lösungsorientierte Mediation und Konfliktklärung*. Vandenhoeck & Ruprecht.

Montada, L., & Kals, E. (2007). *Mediation. Lehrbuch für Juristen und Psychologen*. Beltz.

Rabe, C. S., & Wode, M. (2020). *Mediation: Grundlagen, Methoden, rechtlicher Rahmen*. Springer.

Rosner, S., & Winheller, A. (2012). *Mediation und Verhandlungsführung*. Hampp.

Trenczek, T., et al. (Hrsg.). (2017). *Mediation und Konfliktmanagement – Handbuch*. Nomos.

v. Schlieffen, K. (2006). *Mediation und Streitbeteilung*. BMV.

Werner, U., & Pastor, W. (Hrsg.). (2020). *Der Bauprozess*. Wolters Kluwer.

Adressen

Vereinigungen für Streitbeilegung (Auswahl)

Mediation und Konfliktmanagement in der Bau- und Immobilienwirtschaft e. V. c/o Hecker Werner Himmelreich Rechtsanwälte, Hohenzollerndamm 7, 10707 Berlin (Schöneberg), *mkbauimm.de*.

Deutsche Gesellschaft für Außergerichtliche Streitbeilegung in der Bau- und Immobilienwirtschaft e. V., Heidefalterweg 12, 12683 Berlin (Biesdorf), *www.dga-bau.de*.

Baumediation e. V., Bogenstraße 12, 30165 Hannover, *www.baumediation-ev.de*.

Deutsche Gesellschaft für Mediation in der Wirtschaft e. V., Grünstraße 1, 75172 Pforzheim, *www.dgmw.de*.

Bundesverband Mediation in Wirtschaft und Arbeitswelt e. V., Prinzregentenstraße 1, 86150 Augsburg, *www.bmwa-deutschland.de*.

Deutsche Institution für Schiedsgerichtsbarkeit e. V., Marienforster Straße 52, 53177 Bonn und Lennèstraße 9, 10785 Berlin, *www.dis-arb.de*.

Deutsche Gesellschaft für Baurecht e. V., Abraham-Lincoln-Straße 30, 65189 Wiesbaden, *www.dg-baurecht.de*.

Deutscher Baurechtstag e. V. c/o Luther Rechtsanwaltsgesellschaft, Heidestraße 40, 10557 Berlin (Moabit), *www.deutscher-baurechtstag.de*.

Bundesrechtsanwaltskammer, Ausschuss Außergerichtliche Streitbeilegung, Littenstraße 9, 10179 Berlin (Mitte), *brak.de*.

Deutscher Anwaltverein, Arbeitsgemeinschaft Mediation, Littenstraße 11, 10179 Berlin (Mitte), *mediation.anwaltverein.de*.

Schlichtungsstellen und sonstige Vermittler

Deutsches Ständiges Schiedsgericht für Wohneigentum e. V., Littenstraße 10, 10179 Berlin (Mitte), *www.schiedsgericht-wohneigentum.eu* – zuständig für Streitigkeiten unter Wohnungseigentümern oder zwischen diesen und Verwaltern; dabei kann es auch um Sanierungs- und Baumaßnehmen gehen.

Ombudsmann Immobilien IVD/VPB c/o Breiholdt und Partner Rechtsanwälte, Littenstraße 10, 10179 Berlin (Mitte), *immobilien-ombudsmann.de* – anerkannte Schlichtungsstelle für Verbraucher unter anderem bei Streitigkeiten um Bauträger- und Bauverträge.

Bundesgemeinschaft der Architektenkammern, Körperschaften des Öffentlichen Rechts e. V., Askanischer Platz 4, 10963 Berlin (Kreuzberg), *www.bak.de* – die jeweiligen Landeskammern haben Schlichtungsausschüsse für Streitigkeiten zwischen Kammermitgliedern sowie zwischen Kammermitgliedern und Dritten.

Kammern und Innungen betreiben weitere Schlichtungsstellen, etwa für Streitigkeiten zwischen Unternehmern oder aus Ausbildungsverhältnissen, aber auch für Beschwerden von Verbrauchern über mangelhaft erbrachte Leistungen. Einige der oben genannten Verbände empfehlen Schiedsrichter, Schlichter und andere Vermittler mit geeignetem beruflichem Hintergrund.

Fachzeitschriften

Zeitschrift für Konfliktmanagement, Otto Schmidt Verlag GmbH/Centrale für Mediation, Gustav-Heinemann-Ufer 58, 50968 Köln, *www.otto-schmidt.de*.

Die Mediation, Steinbeis Beratungszentren GmbH, Hohe Straße 11, 04107 Leipzig, *www.die-mediation.de*.

Konfliktdynamik c/o trojapartner, Elisabethstraße 2, 26135 Oldenburg, *www.kd.nomos.de*.

Fachtagungen

Neben einem bisher alle 2–3 Jahre durchgeführten Mediationskongress sei verwiesen auf den jährlich im Herbst in Hannover stattfindenden Konfliktmanagement-Kongress (*www.km-kongress.de*) und den Kongress Konfliktmanagement in der Bau- und Immobilienwirtschaft (*www.konfliktmanagement.online*). Wie sich das Tagungsgeschehen nach der Corona-Pandemie entwickelt, bleibt abzuwarten.

Printed in the United States
by Baker & Taylor Publisher Services